中国国家地理
CHINESE NATIONAL GEOGRAPHY

大自然的艺术

Art of Nature

[英] 朱迪丝 · 马吉 编著
杨文展 译

中信出版集团 · 北京

图书在版编目（CIP）数据

大自然的艺术 / (英) 朱迪丝·马吉编著；杨文展译. -- 2版. -- 北京：中信出版社, 2017.8
书名原文：Art of Nature
ISBN 978-7-5086-7834-4

Ⅰ. ①大… Ⅱ. ①朱… ②杨… Ⅲ. ①自然科学－普及读物 Ⅳ. ①N49

中国版本图书馆CIP数据核字（2017）第158140号

大自然的艺术

编 著 者：[英] 朱迪丝·马吉
译　　者：杨文展
策划推广：北京地理全景知识产权管理有限责任公司
出版发行：中信出版集团股份有限公司
（北京市朝阳区惠新东街甲4号富盛大厦2座　邮编　100029）
（CITIC Publishing Group）
承 印 者：北京华联印刷有限公司
制　　版：北京美光设计制版有限公司

开　　本：720mm × 1020mm　1/16　　印　　张：17.5　　字　　数：165千字
版　　次：2017年8月第2版　　印　　次：2017年8月第1次印刷
京权图字：01-2013-0709　　广告经营许可证：京朝工商广字第8087号
书　　号：ISBN 978-7-5086-7834-4
定　　价：88.00 元

服务热线：400－600－8099
投稿邮箱：author@citicpub.com

某种哺乳动物
康拉德·格斯纳
《动物的历史》
雕版画
1551 年
38cm × 24cm

Schem. XXX II
C
D
D
A
B
C
A
B
E
G

某种蚂蚁
罗伯特·胡克
《显微图谱》
雕版画
1665 年
30cm × 19.4cm

前言　自然界的美景

Visions of the Natural World

在所有科学门类中，博物学是最适合凭借视觉媒介呈现自身的一门学科。同样是记录大自然，文字可能较为深奥、抽象、模糊不清，容易被误解或曲解，而一幅精美准确的图像则相对更容易为人们所理解。甚至可以说，图像传达给我们的事实图景足以让文字沦为附庸。英国博物学家乔治·爱德华兹在 1758 年说道："准确的图像能省却诸多言语无法描述之苦。"[1]

尽管博物学画家们依照标本作画时，已经尽可能将它们还原为活着时真实的样子，他们的创作还是具有选择性的。无论是为了满足设计美感需要而改变作画对象的比例或造型，将其绘制于并无联系的动植物之中，抑或是将自身对于当地动植物群、自然景象以及人种的先入之见映射于作品之中，都不可避免地影响了博物画作品。

早期文明中，人们通过描绘动植物以便了解和记录其潜在价值，如经济价值、药用性能等。从 1 世纪最早有关药用植物的图谱——狄奥斯科里的《药物志》到 14 世纪晚期的作品，动植物图谱的风格都没有发生太多变化。数百年来，各类动植物的指导手册及植物标本集中的插图几乎都是一遍又一遍地从木刻版画中复制而来，这些插图越来越不清晰、准确，以至于变成了非写实的装饰品。随着铜版雕刻的盛行，传统的木版雕刻技法逐渐衰落，有关动植物的描绘变得准确清晰起来。随后，随着画家阿尔布雷克特·丢勒、莱昂纳多·达·芬奇，博物学家奥托·布朗菲尔斯，植物学家伦哈德·富克斯，以及动物学家康拉德·格斯纳、

[1] 乔治·爱德华兹，《博物学拾遗》，第一卷，1758 年，第 10 页。

尤利西斯·阿德罗万迪等人的出现，自然界才开始被描绘得更加贴近现实。他们一旦观察到鲜活的动植物，就会把它们的形象记录在纸张上。

17 世纪发生在欧洲的科学革命，使人们能够以一种前所未有的规模探索未知世界。人们纷纷参与冒险、迎接未知的挑战，前往崭新而遥远的大陆，寻获各种奇形怪状却又异彩纷呈的动植物，并将它们带回家园。这群探险者成为历史上第一批倾其所能描绘记录大自然的艺术家。通过这些艺术家绘制的作品，我们可以了解欧洲人初次邂逅来自异域的生物、试图认知它们时是怎样一番情景。他们竭力通过绘画作品来向广大公众介绍那些非同寻常而又引人注目的生物，而非仅仅局限于学者、内科医生和药剂师等小众群体。

鹰身女妖
尤利西斯·阿德罗万迪
雕版画
1642 年
34cm × 23.5 cm

航海探险为欧洲打开了通往世界新奇角落的大门，不久之后，荷兰人、英国人和西班牙人建立起环球商贸体系。越洋商贸航线取代了传统的陆上线路，运输时间迅速缩短，运输量大大提升。商贸活动的扩张势在必争，随之而来的还有工业时代的开端和现代帝国的崛起。整个欧洲的政治、文化、科学技术都处在剧变的前夕，与此同时理性主义也取代了迷信和神学。欧洲人在全球各个角落的扩张激发了人们对于那些不为人知的国度所具有的自然之物的好奇心，而科学探险在这场扩张运动中起到了重要的作用。

商贸公司及政府的利益往往与科学家、博物学家们的利益不谋而合。海洋是欧洲诸国的强大力量，他们依靠木材造船，并将探险中发现的具有药用价值和农业价值的植物运回欧洲种植。一枚标本或一幅图画往往成为识别这些植物的关键要素，所以博物画不仅可以协助科学家进行生物分类，还为商务决策者和政策制定者提供了一定的参考信息。第一支前往美洲、印度和非洲发现异域植物的探险队，主要由西班牙和葡萄牙

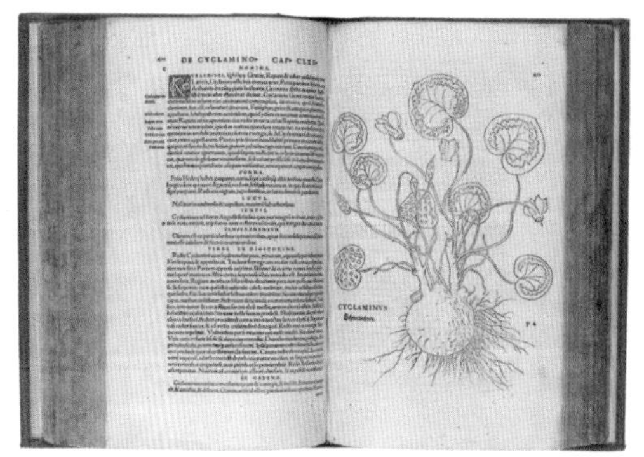

帝国派出。他们的使命就是寻找那些存在潜在药用价值的植物，记录它们的生长地点，并从当地居民那里收集尽可能多的、他们认为是植物优点的信息资料。在印度工作的加西亚·德奥尔塔以及在墨西哥工作的弗朗西斯科·埃尔南德斯是这批欧洲人的代表，他们首次对当地的动植物群进行了准确的描述，而陪同这些科学家前去的就是那些描绘动植物的画家们。

绘制博物画的热潮兴起于17世纪晚期，其中有代表性的画家是玛丽亚·西比拉·梅里安。18世纪时，在知名的植物画师格奥尔格·狄奥尼修斯·埃雷特、弗朗兹·鲍尔、费迪南德·鲍尔以及诸多探险旅途上英勇无畏的旅行画家们的共同推动下，这股热潮得以再度兴盛。19世纪中叶，具有代表性的艺术家有约翰·詹姆斯·奥杜邦、沃尔特·胡德·菲奇和约翰·古尔德，他们都拥有高超的画技和优良的制作成品的工艺。随着博物画对科学的意义日渐增长，准确描绘其细节的重要性变得更加突出。随后，博物画绘制指南和第一本色彩术语手册相继问世。

对大部分选择旅行的人而言，踏上征程意味着实现了自己的梦想，而他们旅行的故事就是“打造梦想的基石”（威廉·莎士比亚《暴风雨》）。这些旅途故事涵盖了传奇故事应具有的全部元素：冒险、阴谋、痴迷、狂热、惊险、灾难、刺激、喜悦和失望。这些实地工作的博物学家们都是卓越的观察者，同时也是优秀的画家。他们中的一部分人对那些致力

本页图／富克斯所著的《植物研究评论》是首批包含写实植物画作的图书之一。这些画作为绘制植物树立了新的标准，此后数年内，许多博物学书籍或画家从此书中复制了许多作品。书中画作的原作者是画家阿尔布雷克特·迈耶。

某种植物
伦哈德·富克斯
《植物研究评论》
雕版画
1542年
37cm × 23.3cm

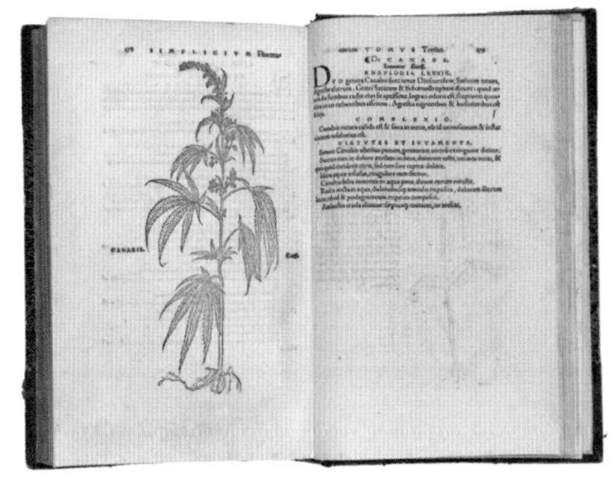

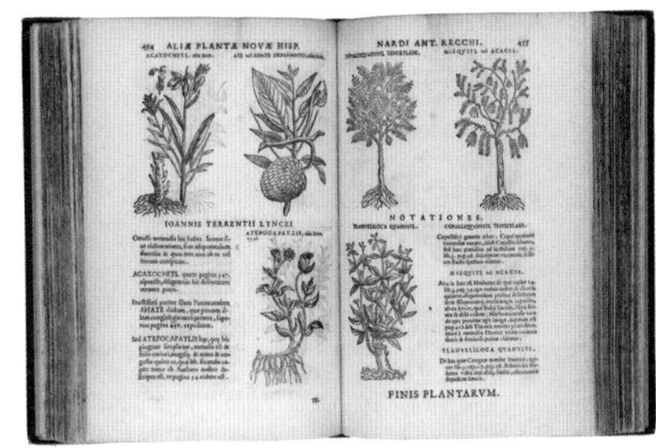

汉斯·维迪兹为布朗菲尔斯创作的植物学木刻版画作品（左图）。他是参照真实植物制图的第一批画家。弗朗西斯科·埃尔南德斯（右图）是 1571 年第一批前往新大陆探险的考察员之一，去寻找具有医疗或农业价值的植物。

某种植物
奥托·布朗菲尔斯
《大麻类植物》
雕版画
1536 年
31.1cm × 19 cm

某种植物
弗朗西斯科·埃尔南德斯
《新西班牙的药物瑰宝》
雕版画
1651 年
33cm × 22 cm

于标本分类学，埋头苦干、煞费苦心的专业学者不屑一顾。比如美国鸟类学者亚历山大·威尔逊就不愿花时间去做一个“象牙塔里的博物学家”，他声称自己无数次从“无价值、腐朽的记录”[1]中欢欣鼓舞地解脱出来，转身去拥抱“广袤无垠的森林和田野”。这些旅行中的博物学家和画家成了公众眼中的英雄，18、19 世纪公众对自然科学的认知很大程度上是由这些旅程构建的。

究竟是什么引诱着这些画家、收藏者和旅行家，愿意冒生命危险、搭上自己的前途命运去探索未知的世界？原因各异：一些人希望成为知名的科学家或画家，一些人出于经济利益原因，至少以后能以他们喜欢的工作来谋生。而对另外一些人来说，这能够将他们的自然理念传递给更多人。美国博物学家威廉·巴特拉姆曾经去往北美洲东南部旅行，不仅实现了自己的梦想，还完成了他的父亲多年来想去看“万物始祖”[2]密西西比河的夙愿。无论是源自何种动机，很少有人反对亚历山大·冯·洪堡的说法，他称自己“对遥远未知的世界有一种莫名的渴望，那里的一切总是能激发他无尽的幻想：危机四伏的海洋，探险的欲望，逃离平淡无奇的日常生活，走向奇妙多姿的世界”。[3]邱园园长约瑟夫·胡克前往印度和喜马拉雅山旅行，因为那是一片“对旅行者和博物学家同样充满诱惑的神秘土地”[4]。而那些在 18 世纪晚期和 19 世纪早期去旅行的科学家、画家、哲学家和梦想家们，几乎都怀揣着自己的作品出版问世的梦想。

[1] 亚历山大·威尔逊，《美国鸟类学》，第五卷，1812 年，第 6 页。

[2] 威廉·巴特拉姆，《旅行》，第 427 页。

[3] 亚历山大·冯·洪堡，《个人自述》，第 35 页。

[4] 约瑟夫·多尔顿·胡克，《喜马拉雅日记》，1854 年，第 7 页。

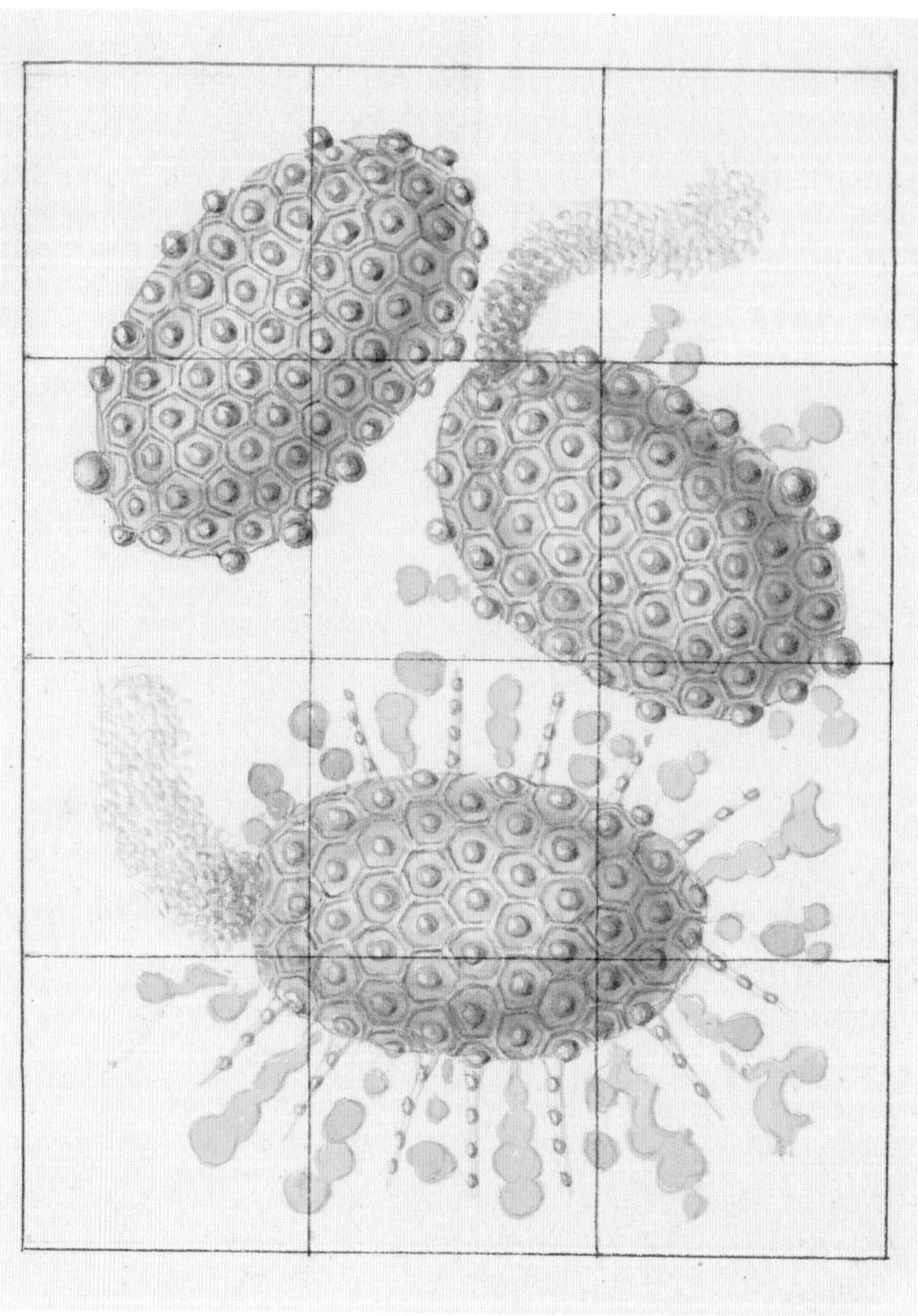

如果没有各种形式的资金帮助，大部分画家根本不可能实现其旅行计划，不管这种支持来自公职收入、赞助商、佣金或仅仅是对旅行的赞助费，还是来自个人、组织和机构。令人感到意外的是，尽管西班牙政府和法国政府在探险方面投入的资金比英国政府来得慷慨，但是只有少数博物学家和画家得到的资金支持直接来自自己的国家。政府资助的画家们随同路易斯·德布甘维尔环球旅行，并且跟随尼古拉斯·鲍定的探险队前往澳大利亚，跟随西班牙的探险队前往南美洲和墨西哥。而在英国，政府组织的航行与探险活动则主要仰仗其他地方的资金帮助，以便支持画家们的开销。18 世纪末，有影响力的人物或富有的赞助者，比如约瑟夫·班克斯爵士以及英国皇家学会等权威机构，说服英国政府将博物学作为探险的重要组成部分，但往往这部分的费用需要由他们承担。在詹姆斯·库克船长的第二次航行中，英国海军部认为随船带上画家和博物学家有利于探险航行。但这种现象并不常见，甚至在那些著名的航程中，如“第一舰队”全部的 11 艘舰船上没有任何官方委派的博物学家或画家。

因此，一些画家只有通过与政府或英国皇家学会、法兰西科学院等机构建立十分密切的关系，才能获得资助，从而在探险考察中获得一席之地。皇家地理学会在 19 世纪曾资助了许多画家和博物学家，比如罗伯特·赫尔曼·尚伯克和托马斯·贝恩斯。而另外一些人则通过受雇于商贸机构（如荷兰或英国的东印度公司）获取报酬，以便支持各自在植物学、动物学方面的绘画兴趣，如威廉·巴特拉姆就是依靠一位富豪的赞助。剩下的其他人则各显神通，有的像亚历山大·冯·洪堡一样本身拥有充足的资金来实现自己的探险愿望；有的人则像艾尔弗雷德·拉塞尔·华莱士一样，靠收集、售卖标本支持自己的旅行；还有的人，比如亚历山大·威尔逊则是依赖销售出版的画作来支持旅行。

博物画作品时至今日仍是物种分类的重要依据。它为科学家们的识别鉴定工作提供重要帮助，使得他们可以对这些画作中的物种进行描述、归类和命名。一旦得到归类，人们就可以对画作进行研究，一眼就能识

左页图 / 弗朗兹·鲍尔在担任邱园的首任植物学画家期间，创作了大量作品。他尤其擅长通过显微镜观察绘制植物的内部结构。早在 1794 年，他就开始了对植物授粉的研究，被认为是精准描绘花粉细胞萌芽过程的第一人。

珠芽百合（*Lilium lancifolium*）的花粉颗粒
弗朗兹·鲍尔
水彩画
约 1800 年
24cm × 16 cm

别出相应的动植物，而无须浪费大量的时间去研究其文字描述。这对于从事医疗职业的人来说显得格外有用，尤其是他们在海外旅行时，能否有效识别和正确选择具有治愈作用的植物，往往直接关系着自己和他人的生死。

植物图谱能够展示一株植物在不同生长阶段——花蕾期、盛花期和果实成熟期的特点。这种图谱还绘有植物的解剖图，用较大的放大倍率来展示其内部结构。这种绘画模式受到卡尔·林奈在 18 世纪中期工作成果的直接影响，他通过引入基于植物双名制的分类体系奠定了自己在自然科学界的无上权威。

描绘动物则是一门更具挑战性的艺术。为对科学家们起到实际作用，动物图谱需要表现动物的真实形态以及精准的内部解剖结构。对于那些在不同生长阶段形态发生显著变化的物种，整个生命周期都需要描绘。而留在欧洲大陆的画家们所能参考的只有残缺不全的动物标本，所以他们只能通过自己的想象来描绘动物。

随着自然世界的复杂理论不断发展、变化，博物画的角色也随之而变。19 世纪中叶，达尔文和华莱士的自然选择学说几乎不可能通过图像解释说明。而其他一些新理念则都有说明性图解辅助理解。亚历山大·冯·洪堡非常擅长运用图表来描绘和解释他的植物地理学知识体系。技术进步

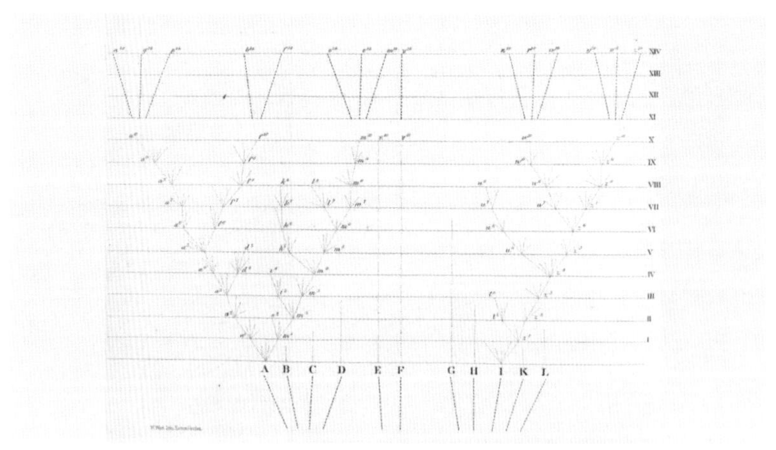

本页图 / 这是达尔文《物种起源》一书中唯一的一幅插图，出版于 1859 年。这张图也被称为（进化）系统树。达尔文尝试以此图来直观地说明各种有机体群组之间的关系，以及各种不同的生命形式是如何从同一批祖先演变而来。

生命之树
查尔斯·达尔文
《物种起源》
雕版画
1859 年
19.7cm × 24.5 cm

同样为我们观察事物提供了崭新的视角。数百年来，科学仪器帮助我们看到许多肉眼无法直接观察到的图像，罗伯特·胡克描绘的蚂蚁、弗朗兹·鲍尔创作的花粉与种子发芽的画作都是借助显微镜完成的。到 19 世纪后半期，厄恩斯特·黑克尔等画家借助显微镜描绘美丽的海洋生物结构。

很多重要的 18、19 世纪博物画藏品，现在都被存放在遍布欧洲的知名学术和文化机构中，这些机构由富有的个人、有权势的商贸公司、各类机构或政府职能机关组建。这些艺术藏品展示了地球各个角落的博物学风貌，也因与博物学史上最有意义、最重大的事件相关联而显得格外重要。这些作品涉及了一些著名的航行及发现之旅，也蕴含着个人勇气与坚持不懈的壮举，以及有关万物起源和生物多样性的不同理念。

本书主要以大洲为线索介绍与博物学相关的画作。每一幅画作都反映了收藏者和画家们各自独特的经历，这些经历能够折射出殖民地、外来殖民者或访客之间各种各样的关系。这些作品通常也与不了解这些遥远、未知国度的欧洲人所持有的一些观点相匹配。他们对于这些崭新地域的未来怀着怎样的期望？这里以后将会怎样被人们描述并了解？所有这些问题的答案都可以在到过这些地方的画家和博物学家们所做出的解释及产生的印象中有所体现。基于这些原因，这些画作在很大程度上折射出欧洲人的思想，描绘博物学的同时也表现着欧洲的文化历史。

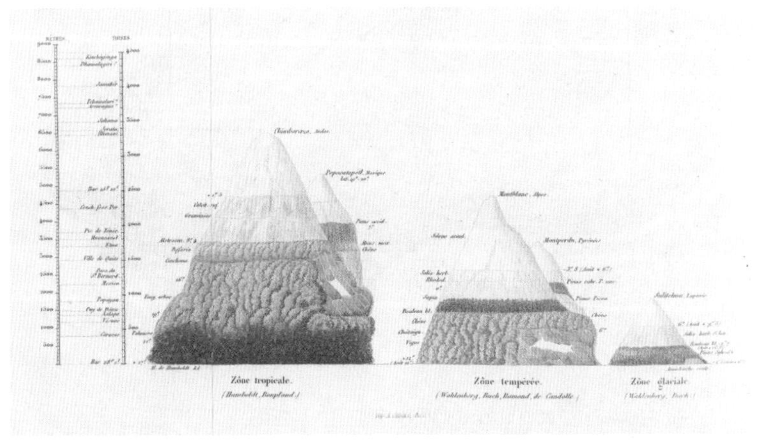

本页图 / 洪堡在植物地理学方面的工作将世界各地的物理现象及各种测量数值相联系，对揭示植物分布规律有重要意义。

植物分布规律图
亚历山大·冯·洪堡
《大自然的表格》
彩色雕版画
1865 年
21.5cm x 28.8 cm

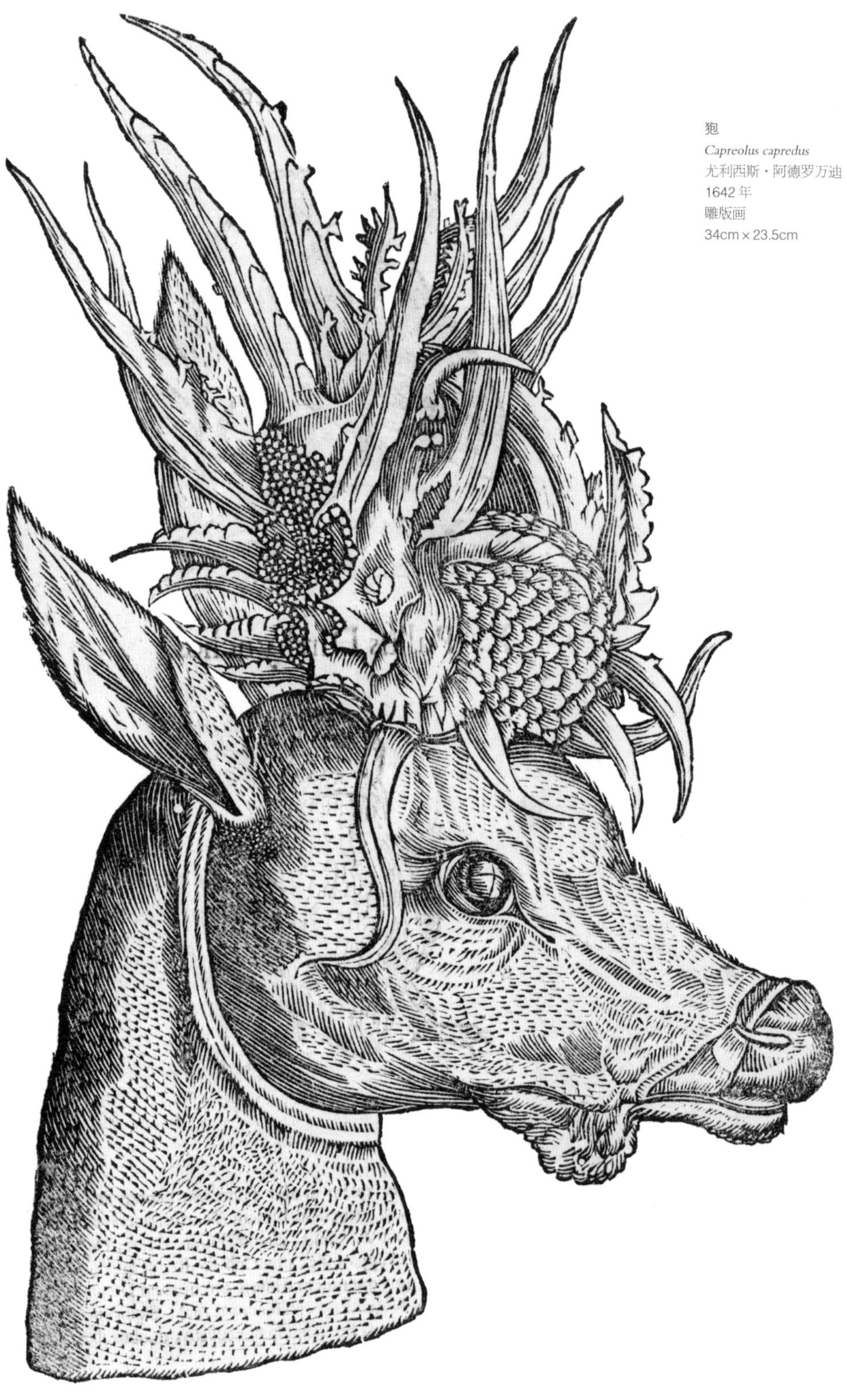

狍
Capreolus capredus
尤利西斯·阿德罗万迪
1642 年
雕版画
34cm × 23.5cm

目录

CONTENTS

梅里安
凯茨比
巴特拉姆
扬
阿博特
威尔逊
奥杜邦
洪堡
华莱士
尚伯克
米

第一章
CHAPTER ONE

美洲
AMERICAS

发现、记录新大陆

Discovering and Recording the New World

欧洲殖民影响下的美洲博物学发展

随着西班牙、葡萄牙两大帝国的崛起，欧洲人的踪迹在15世纪时开始出现在美洲大陆上。16世纪晚期，法国和英国在北美洲建立了各自的根据地。随后在18世纪初，另外5个欧洲国家也在新大陆上分别拥有了一片自己的领地。

欧洲对美洲大陆的影响无疑是巨大的，他们的殖民统治极大地改变了这片土地上的自然风貌、人们的生活方式以及动植物群。直到18世纪的最后25年，伴随着1776年英殖民地上第一场革命的成功，针对殖民统治的质疑与反抗才日渐增多。19世纪初叶，西班牙殖民帝国不同地区的人们纷纷展开了民族主义武装斗争，到1825年时，这场运动催生出了十余个独立的国家。

对于博物学而言，摆脱欧洲殖民统治的意义尤为深远。新成立的美利坚合众国希望将本国打造成一个在各个公共生活领域都能独立自主的国家。科学界众多人士认为美国不应再依赖欧洲人采集、描述并解释美国本土的自然物种。美国开国元勋之一、第三任总统托马斯·杰斐逊曾指出，在博物学领域，美国人“自己实际工作做得太少，长期以来一直依赖其他国家一些过时、错误的观察结果”。[1]博物学探索应该成为美国独立进行的活动，这项活动对一个新兴国家的崛起有所助益。

欧洲人在美洲大陆的出现带来了第一批博物学绘画作品，其中包括：

[1] 托马斯·杰斐逊，《弗吉尼亚纪事》，1785年。

弗朗西斯科·埃尔南德斯在于1571年开始、长达7年的墨西哥探险中收集到的当地原住民画家的画作；1587年约翰·怀特在英国殖民地罗阿诺克岛创作的画作；一个世纪后玛丽亚·西比拉·梅里安创作的关于苏里南植物及昆虫的惊世之作。

本页图／1585年，沃尔特·罗利率领考察队前往新大陆，约翰·怀特担任其随行画家。他所绘制的有关现北卡罗来纳地区的博物学画作是至今存留的欧洲人对于新大陆动植物群以及原住民的最早记录。我们现在已经无从知晓怀特在此次考察中所接受的指示，不过想来应与当时的其他画家类似，无外乎描绘“奇特的鸟类、兽类、鱼类、植物、草药、树木及果实”。怀特的大量画作由西奥多·德布莱于1590年出版。

捕鱼场景
约翰·怀特
手绘雕版画
约16世纪80年代
38.7cm x 25cm

玛丽亚·西比拉·梅里安 （Maria Sibylla Merian）

《苏里南昆虫变态图谱》(*Metamorphosis Insectorum Surinamensium*)

无论我们以哪个时代的标准来评价，梅里安都是一个传奇的女人。1699 年她前往苏里南的荷兰殖民地（南美洲北部），去研究并描绘那些她儿时起就魂牵梦萦的昆虫。当时，她成功出版了数部科学著作，已经是一位欧洲顶尖且德高望重的博物学家。因此，她的绘画作品深受一些有权势且富有的国家元首的欢迎。梅里安通过大量出售自己的画作以及博物学藏品，自筹了前往苏里南的经费，冒着前途未卜的风险，只为开启这场奇妙的探险旅程。她是第一批前往当地并为热带的植物、昆虫及其他动物绘制水彩画的画家之一，这些画作后来被转印成雕版印刷品出版发行。

某种昆虫
玛丽亚·西比拉·梅里安
《苏里南昆虫变态图谱》
1726 版
手绘雕版画
52.5cm × 55.5cm

梅里安对于她所描绘的对象拥有相当渊博的知识，同时她还深入了解了诸多昆虫复杂的生命周期。她醉心于飞蛾和蝴蝶的形态变化：从虫卵到毛毛虫，从蝶蛹到成虫。她用画笔将昆虫在这些不同时期的变化，甚至包括它们所食用的植物都一一记录下来。鉴于 17 世纪末期这方面的信息和知识都少得可怜，梅里安对于昆虫的科学研究显得格外引人瞩目。要知道，就连“昆虫学”这个术语都是直到 18 世纪中期才出现的，在梅里安穿越大西洋之前这方面的文章更是鲜有发表。

1705 年，她的画作被冠名为《苏里南昆虫变态图谱》出版，这是一部在博物学艺术领域有许多新突破的作品——她绘制的整版彩色插图首次为人们展示了动物群的栖息地以及植物与昆虫之间的相互关系。

梅里安的作品尽管得以出版，但是只有极少数人能够买得起巨型的对开本幅面图书，或是能够从科研机构（如英国皇家学会）、有钱的朋友那里借阅。尽管如此，对于那些关注博物学及其艺术作品的人来说，梅里安还是具有非常重大的影响力。

本页图/1685 年，梅里安加入拉巴迪派教会组织，这个团体集聚于苏里南普罗维登斯的村落里。1699 年，梅里安在苏里南旅行期间正是居住于此。深入森林内部，特别是那些植被茂密的地方，进行收集、观察、描绘等野外工作充满了艰辛。在返回阿姆斯特丹后，梅里安根据自己绘制的苏里南地区昆虫、植物的水彩画进行雕版，并制作成对开本幅面的图书出版。这批出版物“满足了专业人士和业余爱好者的兴趣需求”，为大家展示了新大陆热带地区曼妙的景象。

黧豆属
玛丽亚・西比拉・梅里安
《苏里南昆虫变态图谱》
1726 年
手绘雕版画
52.5cm x 55.5cm

P. Sluyter sculp.

马克·凯茨比（Mark Catesby）

《卡罗来纳、佛罗里达州与巴哈马群岛博物志》（*The Natural History of Carolina, Florida and the Bahama Islands*）

有一位幸运儿名叫马克·凯茨比，他有幸看到了梅里安的水彩画作品原稿，并被这些作品激励和鼓舞。

1712 年，凯茨比离开了英国萨福克的家，越过大西洋来到弗吉尼亚的威廉斯堡，花了 7 年时间旅行、绘画、采集植物标本。和梅里安一样，凯茨比并不富有，也得依靠他人来支持他的旅行、研究及出版活动。1719 年返回英国之后，凯茨比迫不及待地想要运用他在新大陆获取的博物学知识来创造财富。经介绍，他与知名植物学家威廉·谢拉德相识，后者对凯茨比的工作热情及绘画技法印象深刻。

当时谢拉德正在为南卡罗来纳州的执政者物色一位画师去描绘当地的动植物。这个职位每年有 20 英镑[1]的补助，但仍需要更多额外的差旅费赞助，以及英国皇家学会的支持。获得职位推荐并不难，然而皇家学会并未打算出资支持，所以还得寻求个人资助者。谢拉德与汉斯·斯隆爵士等人组成了一个理事会为其出资，有了资金支持，凯茨比于 1722 年再度向北美洲扬帆远航。

凯茨比第二次造访美洲大陆历时 4 年。他采集了许多标本，为不知名的动植物群绘制草图，并定期将植物种子和动物标本装箱发送给他的赞助者们。当时的南卡罗来纳州是英殖民地的边界地带，这也就注定了他的旅程中危机四伏。不仅是由于他所探索的地方对于欧洲人来说是如此荒蛮和陌生，而且他还要冒着被美洲原住居民猛烈攻击的危险。

凯茨比于 1726 年返回英国，决心将他在野外观察到的鲜活的动植物描绘下来并出版。为了实现这个愿望，他花了整整 17 年时间准备好图版，并于 1731—1743 年出版了他的旷世巨作——两卷《卡罗来纳、佛罗里达州与巴哈马群岛博物志》。

《卡罗来纳、佛罗里达州与巴哈马群岛博物志》是一部先锋式的作品，

左页图：番木瓜
Carica papaya
玛丽亚·西比拉·梅里安
《苏里南昆虫变态图谱》
1726 年
手绘雕版画
52.5cm × 55.5cm

[1] 根据世界货币价值研究网（MeasuringWorth.com）换算，1719 年的 20 英镑相当于 2017 年的 2 887 ~ 390 800 英镑，约合人民币 2.5 万 ~ 336.6 万元。——编者注

这部作品涉及蛇、两栖动物、昆虫、哺乳动物、鸟和植物等，并融汇了很多奇妙的元素，壮美绝伦，风趣幽默，具有许多细节的同时也存在诸多不准确的地方。许多鸟类和小型生物都以实物大小示人，被绘制在与实际生境相符的自然背景图里；不过与此同时也忽视了一些被描绘对象的比例，物种之间的关系、物种所处的自然风貌和植物群背景都是凭空捏造的。在这些作品中，梅里安对于凯茨比的影响是显而易见的。凯茨比绝对算不上是一个梅里安式的画技一流的画家，但他的作品饱含活力，富有观赏性。

凯茨比曾参加过雕版方面的培训，因此他能亲自为自己的作品制作图版，这样一来也就省去了生产过程中一笔不菲的制作费。但如同他的旅行一样，如果没有出资人的支持，凯茨比根本无法完成这项工作。

这次的出资人叫彼得·柯林森，是一位生活在伦敦贵格会[1]的纺织品商人。柯林森对植物充满激情，自己拥有一个华丽的花园，里面满是来自世界各地的奇花异草。凯茨比的作品第一次向世人展示了许多来自美洲大陆的新植物和鸟类，柯林森当然迫不及待地希望这部作品能够出版。柯林森答应以零利息的方式借给凯茨比一大笔钱，从而使其作品得以顺利出版。

[1] 贵格会，又称为教友会，是兴起于17世纪中期英国的一个宗教派别，一直以坚持和平闻名于世。——编者注

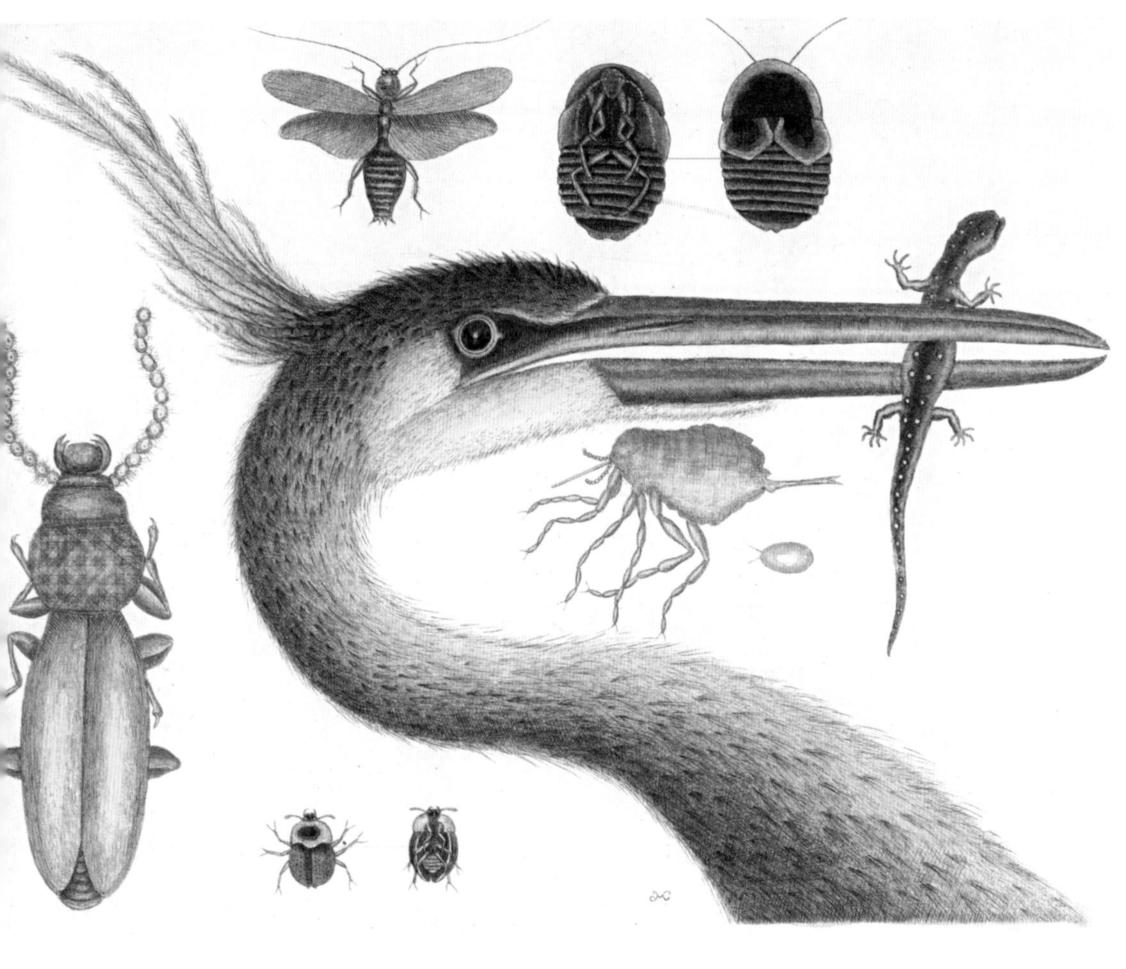

未知种属的动物，
后被鉴定为大蓝鹭
Ardea herodias
马克・凯茨比
《卡罗来纳、佛罗里达州与巴哈马群岛博物志》
1731—1743 年
手绘雕版画
53.1cm x 36 cm

本页图 / 这幅画作里苍鹭的头旁布满了各种甲壳虫，一只蟑螂、一只跳蚤和一条火蜥蜴。凯茨比的作品在科学艺术的发展史上有着重要的地位。他是第一位将鸟类与其捕食的动植物绘制在一起的人。凯茨比在图注中指出这只鸟吃鱼、青蛙和蜥蜴。整个 18 世纪，他所著的两卷《卡罗来纳、佛罗里达州与巴哈马群岛博物志》是欧洲人了解北美洲东南部地区博物学重要的图像资料。

Turdus Rhomboidelis
Turdus &c

左页图、本页图 / 凯茨比是“以优良画作来描绘动植物”的早期倡导者之一，他认为这样做要比单纯的文字描述能够更好地传递信息。他在自己著作的前言中曾提到：“富有启发性对于理解博物学而言是至关重要的，所以我敢断言，用恰当的色彩描绘出来的动植物图形来表达信息要比仅仅采用文字描述清晰得多。”

左页图：蓝刺尾鱼
Acanthurus coeruleus
黄色鱼为斑副花鮨
Paranthias furcifer
本页图：象牙喙啄木鸟
Campephilus principalis
马克·凯茨比
《卡罗来纳、佛罗里达州与巴哈马群岛博物志》
1731—1743 年
手绘雕版画
53.1cm × 36cm

T. 76.
Ardea cærulea

左页图：小蓝鹭
Egretta caerulea
本页图：大红鹳
Phoenicopterus ruber
马克·凯茨比
《卡罗来纳、佛罗里达州与巴哈马群岛博物志》
1731—1743 年
手绘雕版画
53.1cm × 36cm

左页图、本页图 / 凯茨比的一小部分插图是复制约翰·怀特在 16 世纪 80 年代造访罗阿诺克岛时创作的画作。植物学画家格奥尔格·狄奥尼修斯·埃雷特绘制了另外两幅植物插图。此外，剩下的 220 幅彩色插图都是凯茨比根据自己野外观测的动植物以及在英国观察的标本原创的作品。凯茨比一共绘制了 109 种鸟类，比动物界其他任何一类物种绘制的数量都多。在著作的前言中，凯茨比写道："我相信，超出我知识范围的鸟类数量不会太多。"

威廉·巴特拉姆 （William Bartram）

《穿越南北卡罗来纳、佐治亚及佛罗里达之旅》

(North and South Carolina, Georgia and Florida)

美国的威廉·巴特拉姆在紧接着凯茨比著作出版的《罕见鸟类的博物志》中具有突出的贡献。这部多卷的作品中描绘了世界各地的鸟类及其他生物，并为它的作者乔治·爱德华兹赢得了皇家学会的金牌大奖。尽管爱德华兹年轻时就经常旅行、观察并描绘大自然，但他也要从遍布世界的博物学家、水手，以及在当地定居的朋友手中获得标本和画作，其中一位就是正值青年时期、热情四溢的威廉·巴特拉姆。

威廉·巴特拉姆的父亲约翰·巴特拉姆是一位来自费城的园丁和农民，他为那些狂热的欧洲园艺师们提供北美植物的种子，并于 1765 年被任命为御用植物学家。威廉·巴特拉姆从 12 岁起就跟随他的父亲进行了多次采集植物的探险之旅。在这些旅行中，这位父亲口中的“小植物学家”学到了很多有关鸟类、动物、植物、矿石甚至地球结构方面的知识，并能够将他观察到的自然世界精确地描绘出来。尽管他在绘画方面并非科班出身，但他眼光独到，感觉敏锐，并且通过学习凯茨比和爱德华兹书籍中的雕版画来提高自己的绘图技巧。他与生俱来的天赋，以及对于自然世界的热爱与理解，使他迅速成长为一个技艺高超的艺术家。

1765 年，巴特拉姆父子用了 10 个月时间研究佐治亚和佛罗里达地区的动植物群。这次与佛罗里达的初次邂逅使威廉产生了对这个国家永无止境的爱，他“常常在睡梦里重回这个令人欣喜的国度”。[1] 他在成功说服伦敦的物理学家约翰·福瑟吉尔为自己提供资助以后，终于得以在 1773 年重回佛罗里达。接下来几乎 4 年的时间里，他采集植物和种子，绘画并撰写日记，足迹遍布卡罗来纳、佐治亚、佛罗里达，甚至远至密西西比河流域。他与商人及美洲原住民一起旅行，观察他们的生活方式、文化和语言。

他今日的名望有赖于出版于 1791 年的《穿越南北卡罗来纳、佐治

---

[1] 威廉·鲍德温给威廉·达林顿的信，1817 年 8 月 20 日，在达灵顿，《鲍德温遗存》。

亚及佛罗里达之旅》，此书记载了他的探险故事。在河滨扎营时，与发出“狂暴怒吼”的短吻鳄对峙、与凶猛的野熊狭路相逢，这些险象环生而又最终死里逃生的情境绝非少见。而在美国独立战争期间，对于发生在佐治亚的英军与反叛军之间的冲突他也并不陌生，甚至至少亲身参与了一场战斗。然而革命运动并不是巴特拉姆的追求。尽管是一位坚定的新共和国的支持者，他还是在1776年年底决定打道回府，为自己在这一区域的植物搜集工作画上句号，返回远在费城肯格塞新的家。

威廉·巴特拉姆沉浸于对自然的思考之中。他全身心地投入到研究中，对于自然的观察引导着他发现了自然界里种种隐藏的内在联系。他认为物种间存在一种互相依存的微妙平衡，这一发现是19世纪中期生态学研究的雏形。巴特拉姆长期观察并生活在美洲原住民中间，这段经历使他领悟到世间万物可以和谐共处，令他受益终生。

本页图 / 巴特拉姆从亚历山大先生那里得到一些栽培植物后，开始描绘这些植物。亚历山大是首批出生于美国的职业园艺家之一，为当时宾夕法尼亚的领主托马斯·佩恩工作。在配图的文字中，巴特拉姆将苦瓜的结节部位描述为“绽放着静默的神奇与美丽“。

苦瓜
Momordica charanita
威廉·巴特拉姆
水彩画
1769年
29.5cm × 39.8cm

Fig 1.
2.

本页图 / 这幅洋大头茶画作符合植物学绘画作品的全部要求。这种画风一般被认为是符合博物画原则的林奈法则。如约瑟夫·班克斯所说："一幅图画就能自己解答任何一位植物学家关于所描绘植物结构的各种疑问。"野生的洋大头茶如今已经绝种，在巴特拉姆的努力下得以在人工栽培环境中成活。

洋大头茶
Franklinia alatamaha
威廉·巴特拉姆
水彩画
1788 年
47.8cm × 35.4cm

左页图 / 威廉·巴特拉姆影响了美国及欧洲的科学家们，同时也激发了许多欧洲浪漫主义诗人的灵感。威廉·华兹华斯和塞缪尔·泰勒·柯勒律治都在诗作中大量引用了巴特拉姆的文字，来描述自然风貌以及动植物。正是巴特拉姆诸如"大自然是各种形形色色、互相依赖的生命形式交织在一起，形成的一个统一、和谐的整体"这样的观点，触发了诗人们的想象力。巴特拉姆许多文字及绘画作品都传递出了自然界一种崇高、卓越的感觉。

绿鹭
Butorides striatus
威廉·巴特拉姆
背景植物：再力花属
黑色墨水、水彩画
1774 年
37.7cm × 24.5 cm

本页图／巴特拉姆在关于佛罗里达之旅的书中提到，在那里他首次观察到了这种鱼，称其为“最美丽的生物之一、身披金色铠甲的勇士”。图注中如此描述：“来自佛罗里达的黄色大型鲤科鱼，被称为‘圣约翰年迈的老婆’。”巴特拉姆于1791年首次发表了关于太阳鱼的描述，其画作早于真正的标本出现数十年，一直被当成鉴别太阳鱼物种的依据。

太阳鱼
Lepomis gulosus
威廉·巴特拉姆
水彩、黑色墨水画
1774年
19.8cm × 29.4cm

威廉·扬 （William Young）

同时期的威廉·扬的作品与威廉·巴特拉姆的画作有着有趣的反差。威廉·扬比威廉·巴特拉姆小 3 岁，与威廉·巴特拉姆的性格迥然不同，他是一个极度自信、盲目自夸，但又勇于冒险、充满雄心壮志的年轻人。他下决心要和约翰·巴特拉姆一样，靠采集出售植物、种子为生。凭着一次大胆的尝试和幸运女神的眷顾，扬成功地获得了英国女王后夏洛特的青睐和资助。这位王后是乔治三世之妻，来自德国施特雷利茨家族。威廉·扬恰好是德国移民的后裔，这种出身帮助他赢得了夏洛特王后的好感。她将扬带回伦敦并教他植物学知识，更授予他“王后的植物学家”的头衔和 300 英镑的年薪。

可惜扬并没有将自己对于成功的热情投入到植物学的研究中。名利场中太多的诱惑让他懒于花大量的时间去解剖研究植物。而愉悦的代价是高昂的，不久扬就负债累累、锒铛入狱。最终王后还是设法释放了扬，将他安排到横渡大西洋的返乡航船上，王后的手下劝告他留在美洲。

返回家乡后，扬准备做些事情以对得起王后继续支付给他的工资。1767 年，他走遍了南北卡罗来纳地区，收集和描绘那些可以增添到王后标本馆中的植物。扬忽略了王后让他待在美洲的指令，于 1768 年带着自己收集的标本、画作和百余种鲜活的植物，起航返回英国。在这批货物中有几株捕蝇草，这在当时是一种从未被描述过或命名的植物。在很长的一段时间里关于这种令人激动的新物种的描述吊足了众多植物学家、园艺师及自然爱好者的胃口。这种植物培育困难，不易运输。扬最先成功地将这种植物带到欧洲，而约翰·巴特拉姆则成为首个在温室中成功培育它的人。

威廉·扬建立了一整套植物收集和配给的流程体系，美国独立战争期间，他将自己的业务市场拓展到了法国。1785 年，在马里兰州的甘保德溪采集植物的过程中，扬不慎从一个山丘高地跌落至山下溪流中，不幸溺亡。对于这样一位为植物采集界带来些许振奋与勇气的人来说，这种结局令人感伤。

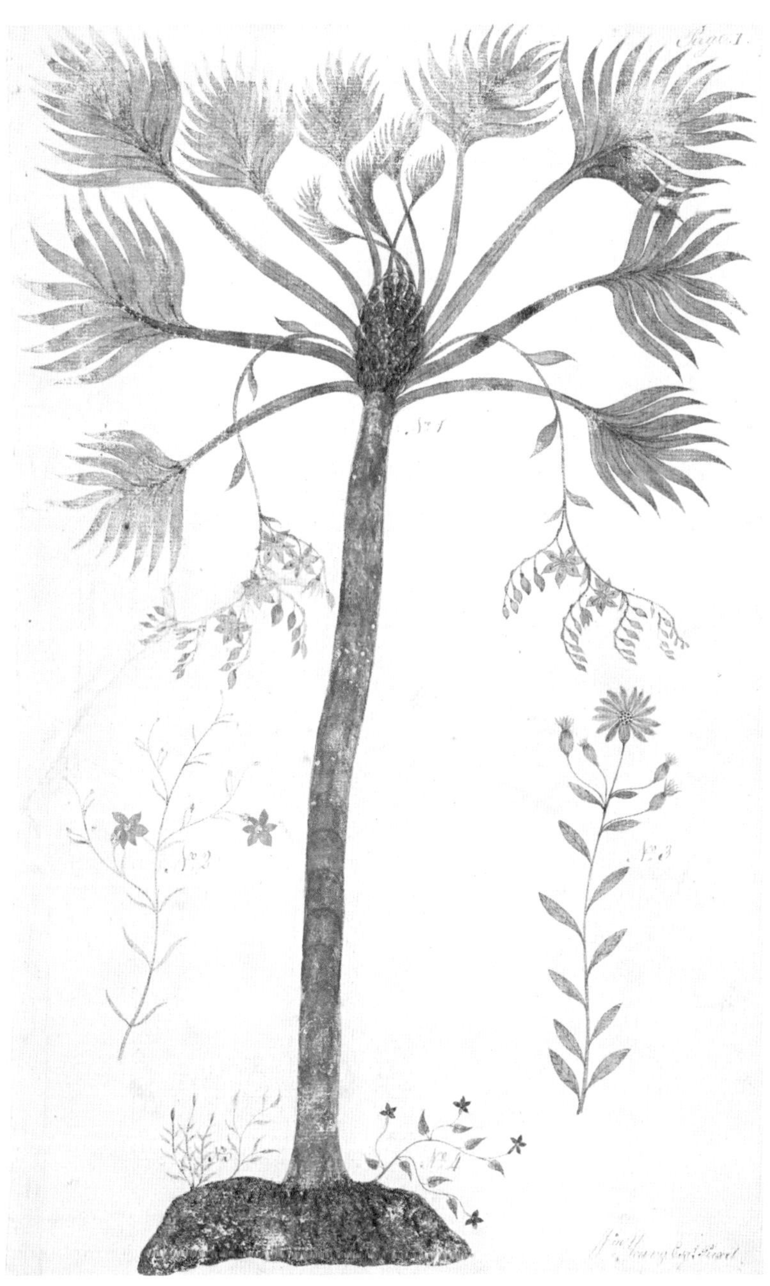

本页图／扬的画作显示了他缺乏绘画技术方面的训练，风格式样也较为幼稚、淳朴，和早期的植物志类似。扬并没有尝试将植物的各个部分画出来，或者重点描绘横剖面，以便于鉴定植物。这株菜棕原产自北卡罗来纳最南端地区，在画作里还有几种附生植物。

菜棕
Sabal palmetto
威廉·扬
水彩画
1768 年
37.8cm × 23.4cm

约翰·阿博特 （John Abbot）

当时还有几位欧洲的博物学家到访过位于北美的英属殖民地，其中一位就是约翰·阿博特。

1773 年，22 岁的阿博特放弃了自己在司法界的事业，从英国肯特的迪尔起航，驶往位于弗吉尼亚的殖民地。阿博特想要在这次旅程中探索发现新奇、有趣的昆虫，这既是一个伴随他童年生活的美丽梦想，同时也是他日后谋生的计划——在欧洲市场出售这些生物。阿博特在孩提时代就表现出了一定的绘画天赋，并且师从雕刻师雅各布·邦诺。儿时的学习经历为他成年后的发展打下了良好基础，博物学艺术的鉴赏家们对阿博特的画作趋之若鹜。

当阿博特刚刚离开不列颠的海岸线前往美洲时，他一心想着返回故乡与家人团聚。但就像很多旅行者一样，他再也没能从他乡归来，而是最终定居佐治亚，直至 89 岁寿终正寝。阿博特一直靠收集和绘画谋生，但婚后他育有一个孩子，因此不得不靠教书来贴补家用。

虽然阿博特与威廉·巴特拉姆 1776 年时都在佐治亚，但他俩始终未曾谋面。或许他们的行踪轨迹曾相交于某个地点。那是一个谣言纷飞的时代，如托马斯·佩因所说，是“考验人类灵魂的时代”，阿博特和巴特拉姆两人都在寻求各自的庇护所，以免遭战乱、暴力之害。阿博特在位于萨瓦纳西北部的伯克郡落脚，而巴特拉姆整个夏天都在达里恩采集弗兰克林木属等植物的种子，随后便在当年离开了佐治亚。后来，通过一位共同的朋友，这两位收集家才有过联络。这位朋友就是出生于苏格兰、同为博物学家的亚历山大·威尔逊。

北美旅鸽
Ectopistes migratorius
约翰·阿博特
水彩画
1827 年
30.5cm x 19cm

本页图 / 约翰·阿博特一生都非常关注自然界发生的变化，他表达了对由于农业活动及人类繁衍过程造成的鸟类及昆虫类种群数量下降的担忧。许多出现在阿博特画作中的鸟类和昆虫在今天都已濒临灭绝甚至早已绝迹，比如图中的北美旅鸽。

Summer Duck.

亚历山大·威尔逊（Alexander Wilson）
《美国鸟类学》（*American Ornithology*）

亚历山大·威尔逊于19世纪初投靠到威廉·巴特拉姆门下，巴特拉姆不仅传授威尔逊有关鸟类的知识，还教他如何描绘这些“长满羽毛的小朋友们”。和巴特拉姆一样，威尔逊也是新共和国的忠诚支持者，并于1804年向政府请愿成为一名新共和国公民。他还强烈地指出美国科学家不应当再依赖于那些欧洲的博物学家们，“现在到了美国人自己决定的时候了，是仍旧将自己祖国的产物发往大西洋彼岸让别人解释与描述，还是像其他开悟的人们那样，成为自己土地上真正的历史记录者”？[1]

来新大陆之前，在苏格兰佩斯利时，亚历山大曾过着困窘不堪的生活，甚至面临监禁的危险。他通过做织工和零售商来勉强维持生计，与此同时他也经常在乡间游历，写诗、研究大自然、拉小提琴或吹长笛。威尔逊是《人权宣言》作者托马斯·佩因的仰慕者，他还积极地为保护被剥削和压迫的纺织工人们的利益大声疾呼。也正是这种激进的思想将他数次置身于与当局对抗的麻烦中。他用诗歌来表达自己激进的政见并将之出版发行。在经历了短期的牢狱之灾后，面对着可能被流放的威胁，威尔逊决定离开故乡，前往新大陆寻求自由。

威尔逊于1794年抵达美洲，然而在新的国度里，他的生活也绝非一帆风顺，但总算在离肯格塞新几千米远的地方找到了一份教师的工作。1804年他做出一个重大决定，放弃这份能带来稳定收入的工作，转而投入到他为之奋斗终身的事业中去：记录美洲大陆的鸟类。

在他生命的最后9年里，威尔逊在美国各州间穿行，徒步穿行许多地区，搜集并观察鸟类——其中很多都是当时科学界未知的物种，同时也为提升他的著作的销量而努力。夏季他便回到肯格塞新，居住在巴特拉姆家中，养精蓄锐，分享旅途见闻，并接受他挚爱的导师巴特拉姆的

左页图：林鸳鸯
Aix sponsa
约翰·阿博特
水彩画
1827年
30.5cm × 19cm

[1] 亚历山大·威尔逊，《致博物学爱好者》（寻求订阅者的倡议书），1807年4月6日，《美国鸟类学》。

画技指导。数年无止境的辛苦工作，贫困和不良的饮食习惯渐渐消耗着他的寿命。1813 年，威尔逊最终被一场痢疾夺去生命，时年 47 岁。

威尔逊一生都在与各种糟糕的境遇做抗争，好在生命最后的 9 年里，他终于在鸟类研究上取得了一些令自己满意的成绩，而与威廉·巴特拉姆的友谊也让他欣慰。他所著的《美国鸟类学》是第一部专门描述并绘制美国鸟类图像的著作。

本页图、右页图 / 威尔逊穿越美国的长途旅行极其艰难，他在恶劣的条件下忍受着极度的艰辛困苦。有时尽管他给一批潜在买家发了推广信件，但仍然无人订阅他的作品，这使他备受打击。他在路易斯维尔停留了 5 天，与奥杜邦谋面却没能得到他的支持。随后，他继续前行到达列克星敦，在那里他找到了 15 位订阅者，信心得到极大提升。威尔逊下一站抵达纳什维尔和密西西比河流域，在那里他拜祭了 1809 年死于刘易斯与克拉克探险活动中的梅里韦瑟·刘易斯的墓地。另一件令人振奋的事情是，威尔逊在华盛顿总统府受到了托马斯·杰斐逊的热情欢迎。杰斐逊成为 1807 年威尔逊作品的第一位订阅者，并写信赞许威尔逊，表达了自己深深的敬意。

本页图：美洲夜鹰
Chordeiles minor
亚历山大·威尔逊
《美国鸟类学》
手绘雕版画
1811 年
34.6cm × 26.7cm

右页图：1 粉红琵鹭
Ajaia ajaja
2 褐胸反嘴鹬
Recurvirostra americana
3 三趾滨鹬
Calidris alba
4 半蹼滨鹬
Calidris pusilla
亚历山大·威尔逊
《美国鸟类学》
手绘雕版画
1824 年
34.6cm × 26.7cm

1.Roseate Spoonbill. 2.American Avoset. 3.Ruddy Plover. 4.Semipalmated Sandpiper.

本页图 / 启动《美国鸟类学》的出版工作后，亚历山大·威尔逊每年都用数月的时间穿行在美国各州，只为寻找新的鸟类来描绘，同时还不忘提升其作品的订阅量。在旅途中，他结识了其他满怀热情的鸟类学家们，他们把自己的标本或者画作送给威尔逊，其中一位是约翰·阿博特。威尔逊拥有了这样一批朋友为他提供充足的鸟类标本及信息，他在给朋友的信中写道："从纽约到加拿大，都很难有一只鹪鹩或小山雀逃脱我的眼睛。"

1 弗吉尼亚秧鸡
Rallus limicola
2 长嘴秧鸡
Rallus longirostris
3 小蓝鹭
Egretta caerulea
4 雪鹭
Egretta thula
亚历山大·威尔逊
《美国鸟类学》
手绘雕版画
1824 年
34.6cm × 26.7cm

4
2

约翰·詹姆斯·奥杜邦 （John James Audubon）

《美洲鸟类》（*Birds of America*）

亚历山大·威尔逊的《美国鸟类学》无疑是同类作品中的先驱者，但其光芒却被20年后一部更为辉煌的著作所掩盖。这部红极一时并被传诵至今的巨作就是约翰·詹姆斯·奥杜邦所著的《美洲鸟类》，在这部著作中实物大小的鸟儿们跃然纸上。

奥杜邦是一位伟大的鸟类画家，以他出版于1827—1838年的双倍大尺寸对折作品集而闻名于世。他的作品打破常规，摈弃了画鸟时常用的传统“鸟鹊与树桩”技法。他将作品中的鸟类置身于真实生活的场景中，并且向人们描述了鸟类日常生存的动态场景。他经常描绘运动中的鸟——常常是飞行或捕食时的情景。这些插图不是供科学家们来研究描述或鉴别物种用的，而是为了给读者带来强烈的视觉冲击，让他们切身体会到身处美国野生动物世界之中的兴奋感——奥杜邦的作品也确实做到了这一点。

奥杜邦每年都要用几个月时间到北美乡间旅行，观察、射杀和描绘鸟类。他几乎一辈子都在辛辛苦苦工作，努力地想在某方面成就一番事业，然而直到《美洲鸟类》出版以后，他才有足够的收入来负担起自己的家庭。然而那时奥杜邦已经53岁，生命的黄金时段早已远去。

1843年他开始着手于自己的最后一个项目——3卷彩色版、描绘美洲哺乳动物的《北美四足动物》。为了这次创作，他再度踏上西行的旅程，但不久他的身体就开始显露出衰弱的迹象。到1848年，他已经衰弱到无法提起画笔，脑子也迟钝不堪。奥杜邦和家人住在纽约，直到1851年与世长辞。奥杜邦的儿子约翰为这部著作绘制了许多插图，约翰·巴克曼牧师为之撰写文稿，后者是一位美国博物学家，在19世纪早期与许多科学界的活跃分子都有往来。

奥杜邦生活在肯塔基州的路易斯维尔时，曾与亚历山大·威尔逊有过一面之缘，当时长途跋涉的威尔逊恰好抵达路易斯维尔，寻求他作品的订购者。

威尔逊对奥杜邦展示给他看的几幅画作满是赞许："这些彩铅画很不错。"然而，他自己的画作却并未受到奥杜邦的支持。奥杜邦认为自己的艺术造诣和技法都要优于威尔逊，因此决定不订阅威尔逊的作品。与奥杜邦分开后，失望的威尔逊离开了路易斯维尔，他在日记中这样写道："这个鬼地方，在科学和文学方面都交不到一个朋友。"在后来写给他的雕刻师亚历山大·劳森的信件中，他继续抱怨道："这里人人都钻到钱眼儿里了，他们既没有时间也没有心气去提高自己。"[1]

本页图 / 在这幅九带犰狳的图注里，奥杜邦形容其像置身在乌龟壳里的一只小猪。

九带犰狳
Dasypus novemcinctus
约翰·詹姆斯·奥杜邦
《北美四足动物》
手绘平版印刷
1848 年
53cm × 69cm

[1] 亚历山大·威尔逊给亚历山大·劳森的信，1818 年 4 月 4 日，在奥德，"威尔逊的一生"，第 29 页。

燕尾鸢
Elanoides forficatus
约翰·詹姆斯·奥杜邦
《美洲鸟类》
手绘雕版画
1827—1838 年
98.5cm × 65cm

本页图 / 奥杜邦在《鸟类学变迁史》中对鸟类在飞翔过程中的捕食如此描述道："它们贴近地面飞行，有时似乎为了抓牢一条蛇，在某一刻降落，随后紧抓住蛇颈将其扯到空中，然后狼吞虎咽地吃光猎物。"

本页图/奥杜邦《美洲鸟类》以5版为一系列出版。至少每一系列都有两张以上的整版画作，绘制了自然界的生动画面，剩下的3个版面则用来描绘像这只黑枕威森莺一样的小鸟。

黑枕威森莺
Wilsonia citrina
约翰·詹姆斯·奥杜邦
《美洲鸟类》
手绘雕版画
1827—1838年
98.5cm×65cm

本页图 / 因为无法在美国找到合适的雕刻师和出版商，奥杜邦只得带着200多幅鸟类画作的作品集于1826年前往英国。他的部分画作在爱丁堡展出，在那里他遇到了雕刻师W. H. 利扎斯。利扎斯为奥杜邦的作品制作了一些印制用的铜版，但因为行业动荡而暂停了出版过程。当奥杜邦来到伦敦将论文呈交给英国皇家学会时，遇到了罗伯特·哈韦尔和罗伯特的儿子，这对父子都是优秀的雕刻师和画家。奥杜邦将自己的项目转移到了伦敦，交给哈韦尔的作坊打理，此后12年内，一大批经过雕刻、印刷、上色的华丽的整版插图相继问世。

赤肩鵟
Buteo lineatus
约翰·詹姆斯·奥杜邦
《美洲鸟类》
手绘雕版画
1827—1838年
98.5cm × 65cm

本页图 / 约翰·詹姆斯·奥杜邦的健康状况每况愈下，他的儿子约翰·伍德豪斯·奥杜邦继续他的工作，为奥杜邦《北美四足动物》一书绘制水彩画作品。这幅北极熊的整版插画就出自约翰·伍德豪斯·奥杜邦之手。奥杜邦父子都没有看见过真实的北极熊，原始的画作是对着查尔斯顿博物馆中的标本绘制的。图注中写明，奥杜邦曾于1833年仲夏时节前往拉布拉多地区寻访北极熊未果。

北极熊
Ursus maritimus
约翰·詹姆斯·奥杜邦
《北美四足动物》
手绘平版印刷
1846年
53cm × 69cm

亚历山大·冯·洪堡 （Alexander von Humboldt）

《山脉风光》（*Vues des Cordillères*）《个人自述》（*Personal Narrative*）

1769年，亚历山大·冯·洪堡出生在柏林一个小贵族家庭。他从小就梦想着能追随路易斯·德布甘维尔、詹姆斯·库克（三次旅程都在新大陆驻足停留过）等英雄们的足迹环游地球。

洪堡在奥德河畔法兰克福大学和哥廷根大学曾向一些欧洲顶尖的学者拜师学艺。也正是在那里他遇到了格奥尔格·福斯特——曾经在库克船长第二次航程中担任画师和助理博物学家。福斯特对洪堡有巨大的影响，洪堡甚至称其为自己的"启明星"。正是在福斯特的陪伴下，洪堡于1790年沿着莱茵河穿越法国前往英国，完成了自己科研探索的初次体验。结束大学学业后，洪堡担任了5年的普鲁士矿业部检查员，在这期间为自己积累了很多地质学和矿物学的知识。而在闲暇时间，他还继续着植物学和动物学方面的学业，并进行了一些动物电方面的实验。

1799年，洪堡与法国植物学家艾梅·邦普朗一起开启了前往南美、中美地区，长达5年的探险之旅。这次远行的经费来自洪堡母亲去世时留下的遗产。当时，洪堡已是一位出色的语言学家，掌握了博物学各个领域的大量知识，身体也非常健康。出类拔萃的身体素质使他比一般人都"爬得更高、走得更远、坚持得更久"。他带着当时最先进的科学仪器，观测天体，测量气体、固体和液体，记录不同深度的海洋温度，感应地球磁场和大气中的电流变化。

整整5年，洪堡与邦普朗穿过热带雨林深处，穿越了委内瑞拉、哥伦比亚、秘鲁、厄瓜多尔、墨西哥、古巴的平原与山地。他们绘制了这片陆地以及奥里诺科河、内格罗河流域的河道地图。他们攀爬山峦，探索了亚马孙流域，发现、收集并描述了科学界未知的动植物。时至今日，洪堡被公认为生态学、植物地理学等诸多学科的开山鼻祖。

1801年7月，洪堡抵达波哥大，在当地见到了西班牙最伟大的植物学家乔斯·塞莱斯蒂诺·穆蒂斯，并与他相处了一段时日。1761 年，穆蒂斯从西班牙抵达南美洲，并在新格拉纳达总督辖区（现在的南美洲北部地区）担任私人医生。1783 年，他带领“皇家植物学科考队”，开始了探索当地动植物群的第一次旅程。整个考察活动持续了 25 年，一批又一批优秀的画家将那些新发现的物种一一描绘出来，共创作了 5000 余幅画作。

在波哥大逗留期间，洪堡绘制了一幅马格达莱纳省里奥格兰德河的地图，离开之前留给了穆蒂斯一份复制品。洪堡本人是一位杰出的画家，他绘制标本并将精细的草图提供给其他画家绘画、雕刻到图版上，这些图与他洋洋洒洒的文稿集结在一起，共同组成了《山脉风光》一书。其中一些图版是绮丽曼妙的地貌图，展示了壮丽的地质构成和美丽的自然环境。这些图版中一个引人注目的特色是洪堡经常把他本人和邦普朗置于其中，将观察者本人与记录的对象联系起来，就像是在对世人宣告：因为那里是洪堡去过的地方，读者看到的一切就是准确无误的。

洪堡的声望甚至“超越”了他本人的脚步，在他 1804 年 8 月回到巴黎之前，欧洲各大报纸早已连篇累牍地刊登了关于他探险旅程的报道。此时他已经声名显赫，并在国际科学界占有一席之地，和心目中的英雄詹姆斯·库克船长一样闻名于世。在返回巴黎后，洪堡将他探险旅程中的所见所闻写成 30 余卷的鸿篇巨制，其中一本《个人自述》被认为是当时自然科学界最优秀的游记之一。这本书销量达数千册，影响了整整一代想要成为探险家的人们。

1804 年，为了欢迎到访费城的亚历山大·冯·洪堡，费城全城的顶尖科学家组织了一场在皮尔自然博物馆举办的晚宴，堪称整个城市的一场年度盛宴。当时洪堡已经花了 5 年时间游历南美洲、墨西哥及加勒比海地区，正在从南美洲返回巴黎的途中。当时参加晚宴的博物学家还有约翰·巴克曼、威廉·巴特拉姆和亚历山大·威尔逊。并无

史料记载洪堡与巴特拉姆之间的谈话，所以我们只能猜测一下，当时两人一定是惺惺相惜、和谐融洽，因为他俩对于自然的观点非常相似：世界可以看作一个有机的整体，万事万物之间皆有关联。

本页图／洪堡与邦普朗乘坐着画中这样的竹筏漫游了许多天，并且将所有科学仪器设备以及旅程中收集的大量动物活体通过这种形式运输。洪堡形容这种竹筏为秘鲁式的，“曾在早期应用于捕鱼、货物运输”。竹筏上面描绘的水果为读者展示了一些赤道、热带地区的产物。

瓜亚基尔河上的竹筏
亚历山大·冯·洪堡
《山脉风光》
手绘雕版画
1810 年
40cm × 57cm

本页图 / 1774 年 12 月，“决心号”进入了冰冷而凶险的火地岛海域，船员们在船上欢度圣诞，庆祝了几天。圣诞节的早晨，在与一群人去抓捕用于庆祝宴会的鹅时，福斯特一共抓获了至少 53 只鸟。他在这个月内绘制了其中一些鸟类的画作，图中这只猛禽——凤头卡拉鹰就是其中之一。12 月 26 日，当多数船员都酩酊大醉时，福斯特画下了这只鹰。

凤头卡拉鹰
Polyborus plancus
格奥尔格·福斯特
水彩画
1774 年
54cm×36cm

Sïmia melanocephala.

Huet fils, d'après une esquisse de M.r de Humboldt. | De l'Imprimerie de Langlois | Bouquet sculp

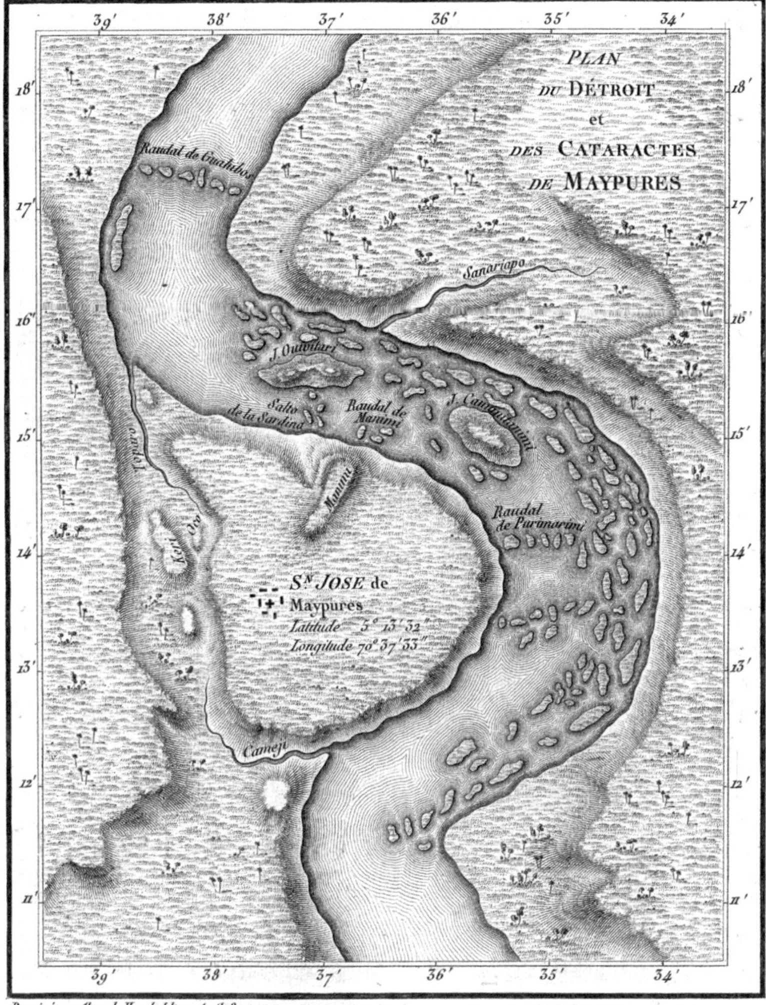

本页图 / 在南美旅行的过程中，亚历山大·冯·洪堡绘制了大量的地图。这幅梅普尔地区瀑布群地图完成于 1800 年 4 月。在他的《个人自述》一书中，洪堡说在奥里诺科河流域有两处大瀑布群，其中一处就是梅普尔。洪堡与邦普朗在那里有过一次惊险的经历。当时他们认为自己被困在瀑布后面的洞穴内，而“黑夜与狂烈的风暴将要袭来”。幸运的是，几个小时之后，他们被援救脱险。

底特律及梅普尔地区瀑布群地图
亚历山大·冯·洪堡
《新大陆的物理地理学地图集》
雕版画
1814 年
14.7cm × 11.3cm

黑脸秃猴
Cacajao melanocephalus
亚历山大·冯·洪堡
《有关动物学及解剖比较的观察》
手绘雕版画
1812 年
33.6cm × 25.5cm

左页图 / 在旅程中，洪堡收获了大量的动物收藏品，其中包括 7 只鹦鹉、1 只犀鸟及其他鸟类、1 只狗和 9 只猴子。他在卡西基亚雷河购买了画中这只秃猴。洪堡为科学界贡献了大量新大陆动物群的知识，写了关于南美丛林中电鳗、水虎鱼、蝾螈和猴子的诸多文章。

本页图 / 此图描绘的是洪堡与邦普朗准备出发去攀登钦博拉索山前的景象。当年，海拔 6279 米的钦博拉索山被认为是世界最高峰。洪堡攀登到离顶峰只差 396 米的壮举在当时被认为是十分了不起的成就。直到 30 余年后，洪堡攀登的海拔高度纪录才被打破。

从塔皮亚高原看钦博拉索山
亚历山大·冯·洪堡
《山脉风光》
手绘雕版画
1810 年
57.2cm × 79cm

本页图 / 这片玄武岩层坐落在墨西哥东北部米内拉尔－德尔蒙特的银矿中。洪堡观察到这些玄武岩圆柱与北爱尔兰安特里姆郡的“巨人之路”、法国维瓦赖火山区域的圆柱都很相似。洪堡据此认为这是地球在不同气候条件、不同区域以及不同时代发生过相同的地质变迁活动的证据。他宣称，“在各个地区发现类似景象证明了自然界各类剧烈变化具备相同的法则，都在缓慢地改变地球表面的形状”。

里格尔地区的玄武岩及雷格拉瀑布
亚历山大・冯・洪堡
《山脉风光》
雕版画
1810 年
57.2cm × 40cm

左页图 / 这幅雕版画描绘了一处非常著名的地形，天然的石桥横跨流淌着萨玛帕兹河的深谷。洪堡曾解释说，这条河几乎是难以逾越的，“要是没有大自然馈赠给我们的这两座石桥，即便勉强通过也要历尽千辛万苦”。洪堡还说道：“在科迪勒拉山脉各种宏伟、幻化的景色里，这片峡谷最能激发起欧洲旅行者的想象力……我认为地球上任何一个已被探索过的角落都不会有类似的奇景，三块巨大的岩石相互支撑并组成了一座天然的拱桥。”

埃孔农佐的天然桥梁
亚历山大・冯・洪堡
《山脉风光》
雕版画
1810 年
56.4cm × 40cm

艾尔弗雷德·拉塞尔·华莱士 （Alfred Russel Wallace）

在所有受洪堡作品鼓舞的人中，有两位未来的科学家：查尔斯·达尔文和艾尔弗雷德·拉塞尔·华莱士。

查尔斯·达尔文以船长罗伯特·菲茨罗伊旅伴的身份登上了“小猎犬号”测量船，这次旅行耗时5年，主要目的是勘测南美洲的海岸线。和当年“奋进号”上约瑟夫·班克斯的遭遇类似，他不得不自行负担个人起居和旅行的各种费用。比达尔文小14岁的艾尔弗雷德·拉塞尔·华莱士也在看完洪堡的作品后深受鼓舞，前往南美洲旅行。与达尔文不同的是，华莱士来自一个努力奋斗的中产阶级家庭。华莱士早年就为他哥哥担任实习勘测员，一边工作一边周游英国。华莱士对于知识的渴求指引着他去往公共图书馆、工人机械学院等地自学知识，后来他也在这些地方开设科学讲座、教育他人。

华莱士在20多岁的时候疯狂地迷上了博物学，并决定将此作为自己的事业。1848年4月26日，他和朋友沃尔特·亨利·贝茨一起离开利物浦前往南美洲，接下来的4年时间里他们沿着亚马孙河和内格罗河流域前行，收集鸟类、昆虫和植物，并将所寻获的物种以日志、绘画等形式记录下来。华莱士通过自己在伦敦的代理商塞缪尔·斯蒂芬斯出售收集的博物学标本，并以此来支持这次航行。尽管才25岁，华莱士对于自然科学的见解已经使他能够对生物多样性和生物进化规律等更复杂的问题进行深入思考。他希望在旅程中能找到这些问题的答案。

华莱士采集了很多标本，并定期发送给斯蒂芬斯，但大量的个人藏品、已售货物的复制品，加上他的日记、图册以及部分动物活体都跟着他一路远行。1852年7月12日，华莱士乘坐海伦号双桅船从巴西帕拉起航返回英国。在海上度过了28天后，船上发生火灾。他仅抢救出少数物件、一些硬币、衣服和4卷描绘里奥·内格罗鱼的画作，其他一切都灰飞烟灭。华莱士和船员们在无法动弹的“敞篷船”上苦等了10天，直到被路过的约德森号援救，才得以返回英国。

右页图 / 据华莱士估计，内格罗河中至少有500种不同的鱼类，其中大部分和亚马孙河中的不同。即便是有着类似的气候条件和土壤环境，他认为地球各个区域可能居住着截然不同的动物群。这些区域经常被大片的河流或山脉所分隔。他认识到除了气候条件外，还有其他的自然分界线决定各个物种的生活范围，而像亚马孙河、内格罗河这样的大河就是这样的自然分界线。他还观察到在河流的两侧至少栖息着三种不同种属的猴子，绝不会同时在两侧发现同样的种群。

从左上角依次：鸭嘴鲶
Pseudoplatystoma sp.
棘甲鲶
Opsodores morei
下口鲶
Hypostomus sp.
艾尔弗雷德·拉塞尔·华莱士
铅笔画
1851年
10cm × 16cm

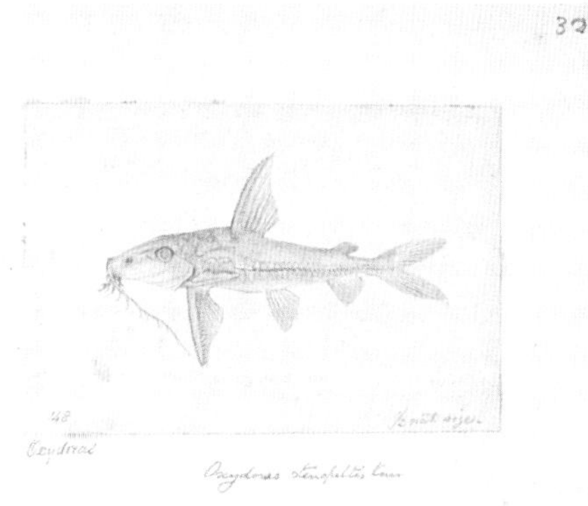

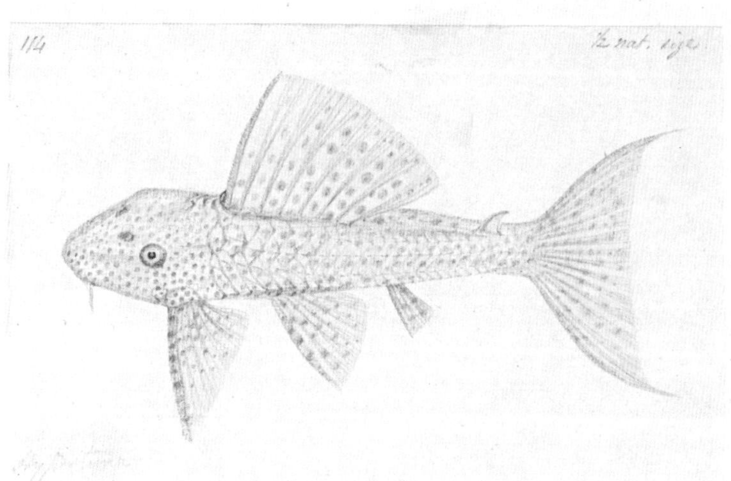

罗伯特·赫尔曼·尚伯克（Robert Hermann Schomburgk）

1804年生于德国萨克森州弗赖堡的罗伯特·赫尔曼·尚伯克是另外一位追随洪堡足迹的人。他在30多岁时，在南美洲奥里诺科河流域内部旅行，从埃塞奎博河直到埃斯梅拉达。他同样也是一位自己负担旅费的行者，并且也在旅程中发现了诸多新奇、稀有的自然物种。

1831年他组织实施了一次针对英属维尔京群岛中的阿内加达岛海岸线的勘测，并将其报告发表在伦敦的皇家地理学会期刊上，这使他获得了学术界的认可，因此在1835年他得到了英国皇家地理学会的支持，前往南美进行探索。尚伯克曾经提到，“仅仅是科学”引领他前往英属圭亚那（现在的圭亚那），在那里他花费4年时间对整个区域和与其相邻的委内瑞拉、巴西进行探索及考察。

返回欧洲时，尚伯克向英国政府提交了一份有关英属圭亚那地区地质描述的报告，该报告随后被出版。当尚伯克再度踏上英属圭亚那的土地时，他被殖民地当局指定组织实施对领土国界线的勘查和确认。1840年，尚伯克的兄弟理查德以植物学家的身份加入他的考察队，他们一起在当地进行博物学探索、研究。尚伯克由于发现瑰丽的巨型睡莲亚马孙王莲并于1837年将其运送到英国，当时已经以“植物猎手”的身份名噪一时。

尽管出生在德国，罗伯特·赫尔曼·尚伯克直到1864年之前都在为英国政府效力，分别在多米尼加共和国和曼谷担任英国领事。1844年，尚伯克被维多利亚女王授予骑士头衔，同时还获得皇家地理学会授予的金质勋章。尚伯克经历了从最初的自付旅费，到由皇家地理学会赞助支持，最后荣升为英国政府的高级公职人员的历程。

右页图/腰果原产地是巴西东北地区。当地称腰果为“tupi”，随后又有了葡萄牙语的名字“caju”，最终演变成现在所使用的英文名“cashew”。

腰果
Anacardium occidentale
罗伯特·赫尔曼·尚伯克
水彩画
19世纪40年代
33cm × 20.5cm

Anacardium Oubondi Schomb. in lit.

River Berbice.

兰花
罗伯特·赫尔曼·尚伯克
水彩画
约为 19 世纪 40 年代
36.1cm × 26.1cm

左页图、本页图 / 这两幅画作原本是画在一张纸的正反两面，尚伯克无疑是在尝试如何以最佳的方式描绘植物，能够在呈现传统视角（左页图）的同时，又能以黑色背景呈现白色的花朵（本页图）。

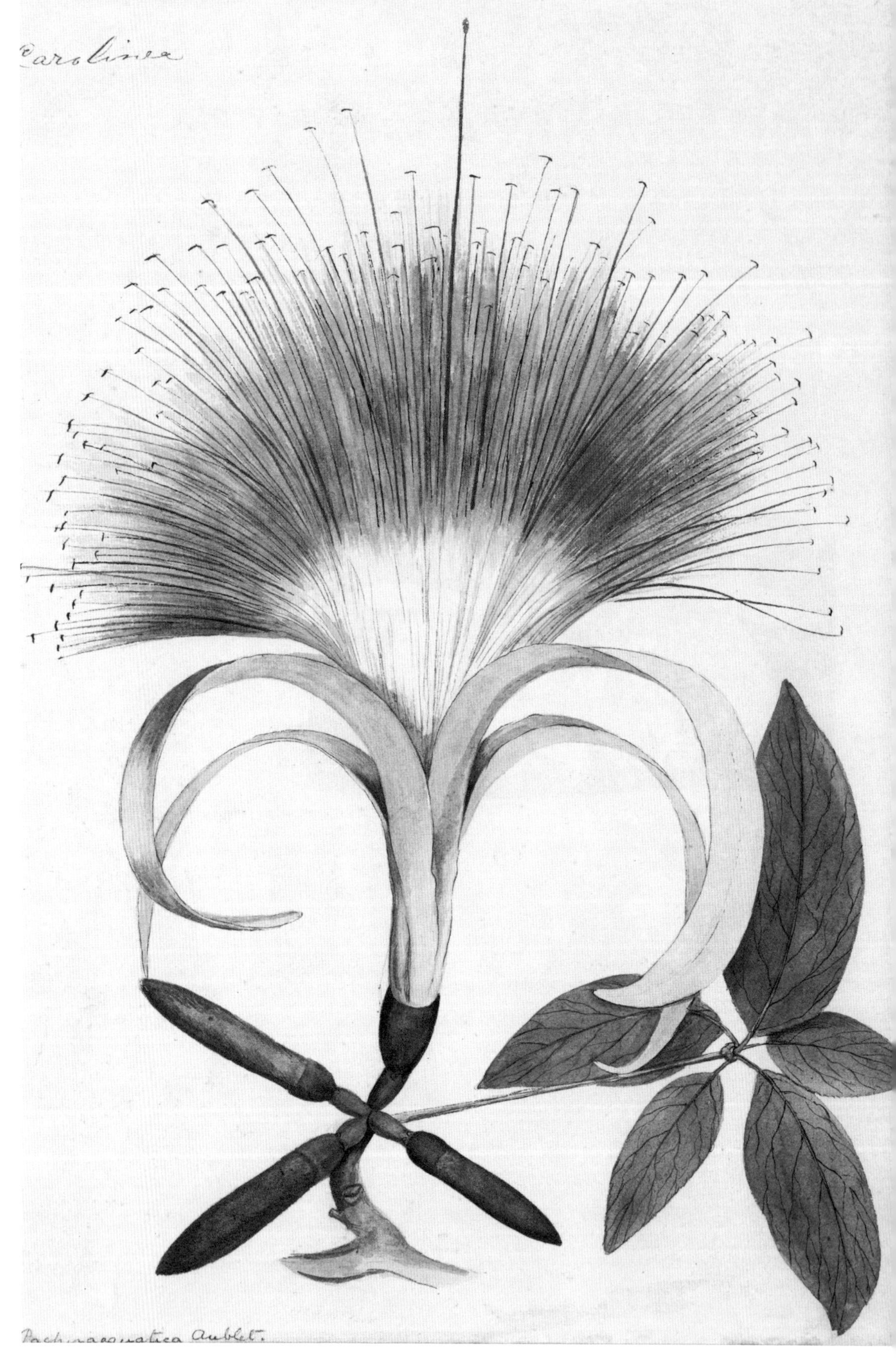
Carolinea
Aublet.

玛格丽特·米 （Margaret Mee）

对于亚马孙雨林的探索直到20世纪仍然吸引着大量的博物学画家，其中就有一位勇敢无畏的女士，玛格丽特·米。她对于先前未经确认的植物的新发现，以及为这些植物绘制的许多美丽的水彩画作品，都对科学研究做出了重大的贡献。玛格丽特·米还以定居巴西32年目睹的一切向科学界发出森林过度采伐问题的警告，这使她的工作意义非凡。

左页图/马拉巴栗或瓜栗是一种大型的开花类树木。它是在墨西哥和中南美洲地区热带雨林的河口、湖岸等区域被发现的。马拉巴栗美丽的花朵在夜间格外芳香四溢，可供食用的种子藏在棕褐色、长条形的豆荚里，有些豆荚长达30厘米。

马拉巴栗或瓜栗
Pachira aquatica
罗伯特·赫尔曼·尚伯克
水彩画
19世纪40年代
26.3cm × 20.5cm

本页图/玛格丽特·米热衷于保护巴西的热带雨林，并积极呼吁人们提高对于亚马孙地区生物多样性的关注。她有关这个区域内植物的杰出水彩画作品，如图中这株凤梨科植物，对她的宣传产生了一定的帮助。凤梨科植物原产地在美洲的热带地区。

凤梨科植物
Bromelia anticantha
玛格丽特·米
水彩、水粉画
1958年
66.3cm × 48.1cm

库克
帕金森
福斯特
韦伯
埃利斯
雷珀
沃特林
鲍尔
古尔德
马滕斯

第二章

CHAPTER TWO

大洋洲

OCEANIA

梦幻洲，流放地

Land of the Dreaming and Penal Colony

库克船长的三次旅行

在詹姆斯·库克船长第一次著名的“奋进号”远航（1768—1771）中，博物学探索是非常重要的组成部分。此次远航的首要任务是航行至塔希提岛观测1769年的金星凌日[1]现象。完成这个既定任务之后，库克拆封了“锦囊中的密约”[2]。这个额外的指示就是一路往南航行，去探索那片不为人知的陆地*Terra Australis Incognito*（拉丁语意为“未知的南方大陆”），“勘测那片土地之上的自然风貌及其各种产物”；将发现的“各种矿藏、矿物质或者有价值的宝石标本”带回英国，并观察研究“当地人的性情、才能、性格以及数量”。[3]

约瑟夫·班克斯高超的说服力对此阶段澳大利亚博物学的发展功不可没。他成功说服英国海军部，在旅途所到之地进行博物学勘测，以绘画、标本及文字描述等形式对沿途的各种发现进行记录，这些工作对于探险的成功必不可少。在起航前的一个月，库克被告知他那狭小的船舱里还要添加9位船客。他们被认为是“博物学航海远行的最佳人选”[4]，在班克斯的带领下，这群伙伴还包括曾经受训于卡尔·林奈手下的科学家丹尼尔·索兰德，画家亚历山大·巴肯，既是资深画家同时也在航程中担当秘书一职的赫尔曼·迪德里克·斯波尔灵，另外一位指定画家就是来自苏格兰爱丁堡的24岁的悉尼·帕金森。

[1] 当地球、金星、太阳的轨迹运行到一条直线时，在地球上看见金星从太阳表面慢慢移动而过的现象。金星凌日现象极为罕见，距离我们最近的一次金星凌日发生在2012年，而这一奇观下一次出现是在2117年。

[2]《詹姆斯·库克船长航海日记》，比格尔霍尔编著，1955年，第一卷，第1955页。

[3]《詹姆斯·库克船长航海日记》，比格尔霍尔编著，1955年，第一卷，第282～283页。

[4] 约翰·埃利斯给林奈的信，J.E.斯密斯编著，《林奈信件集》，1821年，第一卷，第230页。

悉尼·帕金森 （Sydney Parkinson）

苏格兰画家悉尼·帕金森是第一位创作澳大利亚动植物群画作的欧洲人。帕金森出生于一个贫困的贵格会教徒家庭，5 岁时父亲便去世了。他成长为一个身体瘦弱、腼腆而又天真无邪的年轻人。在完成学业之后，他为一个羊毛制品服装商做学徒。

帕金森的绘画天赋在很小的时候就显现出来，当随家人迁往伦敦后，他的才能引起了一个名叫詹姆斯·李的园丁的注意，后者将他引荐给约瑟夫·班克斯，帕金森很快就以高超的植物学绘画技艺赢得班克斯的赞许。约瑟夫·班克斯聘请帕金森为专属画师，邀请他加入“奋进号”的旅程。对帕金森而言，这绝对是个千载难逢的机会——一个成为专业博物学画家的机会。

蓝点绯鲵鲣
Upeneichthys lineatus
悉尼·帕金森
水彩画
约 1769 年
26.9cm × 36.7cm

1769 年，当“奋进号”离开南美洲海岸时，帕金森已完成了 150 多幅画作。而当航船继续前行，抵达新西兰和澳大利亚时，他感到“时不我待、只争朝夕”。这片土地上全新动植物群是如此的丰富，帕金森不得不调整他的工作模式。因为没有足够的时间完成画作，他只能先画好草图，标明几种主要的颜色，准备返回英国后再完成画作。

整整两年时间，帕金森勤勤恳恳地为南太平洋的动植物绘制草图和图像。因为约瑟夫·班克斯强烈希望将这些植物科学画出版发行，所以将作品上色完工、为制作雕版做准备的工作足以在相当长一段时间内维系帕金森的职位。一切工作进展顺利，光明的前途似乎在不远处向他招手，然而就在这个时候，悲剧突然降临。“奋进号”在横穿大西洋返航的途中，停靠在巴达维亚[1]维修。帕金森和另外三位船员在那里染上了痢疾和疟疾。1771 年 1 月 26 日，帕金森英年早逝，葬于海上，而此地距离他的家乡英国的海岸线仅剩 5 个月的航程。

[1] 印度尼西亚首都雅加达旧称。

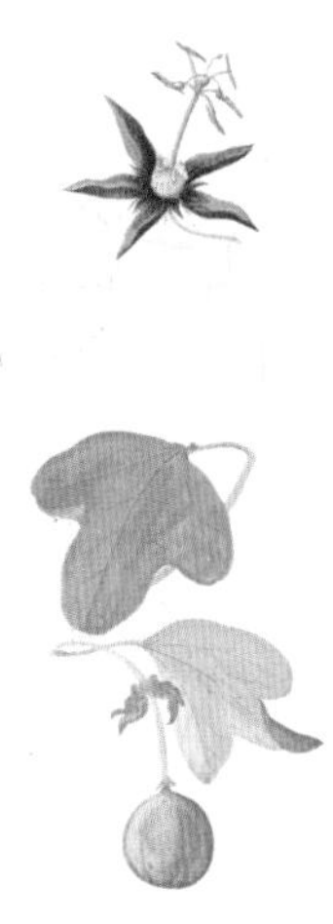

橙花西番莲
Passiflora aurantia
悉尼·帕金森
铅笔素描、水彩画
约 1770 年
53.9cm × 37.3cm
水彩画成品
1780 年
54.1cm × 37.3cm

本页图 / 悉尼·帕金森没有将自己有关大洋洲植物的素描全部绘制成水彩画；我们看到的这些画作是约瑟夫·班克斯回英国后所雇用的 5 位画家其中一位的作品。这些水彩画大部分是由弗雷德里克·波利多尔·诺德尔绘制，他绘画时除了参照帕金森绘制的草图以外，也会参考一些标本，以及班克斯或索兰德画草图时留下的描述笔记，偶尔会参考真实的植物原型。

本页图 / 这幅僧帽水母图是帕金森绘制的该属动物的 5 幅画作之一，5 幅画中只有两幅最终绘制成水彩画作品，其他的都仅停留在不同的创作草稿阶段。帕金森在航行中较早的时期开始绘画。约瑟夫・班克斯的日记是这样记载的：1768 年 10 月 7 日，宁静的早晨，帕金森“走出船舱，手里拿着船员们称为‘葡萄牙军舰水母’的东西”。科学家丹尼尔·索兰德后来记录，同年的 12 月 22 日、23 日，在大西洋上收集了两种这样的生物。帕金森本可以很快完成画作，因为索兰德和约瑟夫・班克斯两人都已经研究和解剖过这种生物。

僧帽水母
Physalia physalis
悉尼・帕金森
水彩画
1768 年
37cm × 27cm

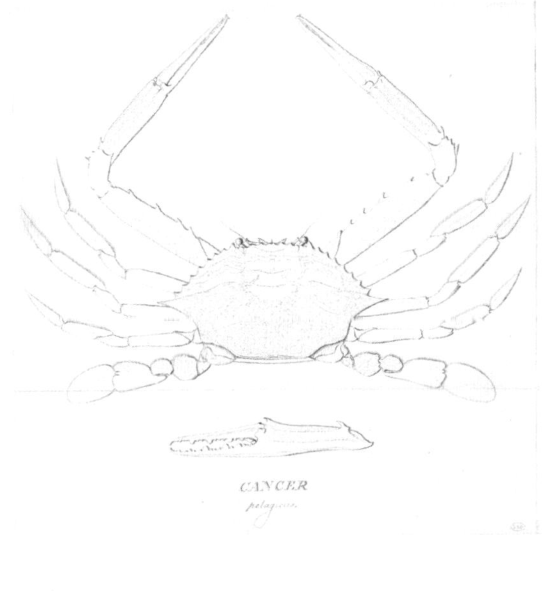

本页图 / 上方这幅铅笔素描是“奋进号”航程中极少的几幅并非出自悉尼·帕金森之手的作品。其作者是丹尼尔·索兰德的助手，瑞典的赫尔曼·迪德里克·斯波尔灵。他的任务是誊写索兰德和班克斯的科学注解。1771 年 1 月，在返回家园的航程中，斯波尔灵在帕金森离世前两天去世。

下方的素描是第一批欧洲人绘制的袋鼠图之一。帕金森绘制于 1770 年 6 月，当时“奋进号”正在现在的昆士兰州库克镇附近的奋进河进行维修。反面是约瑟夫·班克斯手写的“Kanguru”字样。（据传，库克第一次看到这种动物时不知为何物，当地原住民答道“Kanguru”，即成为现在袋鼠的英语 kangaroo 的起源。而实际上“Kanguru”在原住民语言中表示“不知道”之意。——译者注）

远海梭子蟹
Portunus pelagicus
赫尔曼·迪德里克·斯波尔灵
铅笔画
约 1769 年
37.6cm × 37.2cm

袋鼠
悉尼·帕金森
铅笔画
1770 年
52.5cm × 35.8cm

左页图 / 图中这株南美洲的攀缘植物以法国航海家路易斯·德布甘维尔司令的名字命名，他在 1768 年环球之旅的返航途中采集了这种植物。同年，詹姆斯·库克开始了他的 3 年环球航行，当“奋进号”登陆巴西时，悉尼·帕金森绘制了这株植物的水彩画作品。

叶子花
Bougainvillea spectabilis
悉尼·帕金森
水彩画
1768 年
47cm × 28cm

约翰·福斯特 （Johann Forster）

在“奋进号”上的航海岁月是艰辛的。船舱环境极不卫生，空间狭小局促甚至让人心生幽闭恐惧之感，而且也基本不可能在甲板上工作。饭菜质量绝对达不到约瑟夫·班克斯饮食习惯的标准，陆地上的气候也经常让人无法忍受。即便如此，班克斯还是希望能跟随库克船长加入 1772 年的第二次“奋进号”远航。不过海军部拒绝了班克斯的请求，指定博物学家约翰·福斯特随队出征，他的儿子格奥尔格以助理博物学家及画家身份同行。

福斯特家族祖籍德国，浸淫于当时的知识分子精神的氛围中。他们由海军部直接任命为此次航行官方的职业博物学家，同时也自信满满。约翰·福斯特是最早一批提倡将博物学作为一项职业的人，他用自己在“决心号”上的实践经历定义着这个职业：系统地记录与描述沿途收集、绘制的各类物种。

福斯特父子每次返程后都会分别写下自己的旅行经历，他们的作品反映了他们在气候、植物群与人类发展三者间关系的兴趣点：气候、人类学与人类发展之间的关系。他们的观点也影响了许多当时的博物学家，其中就包括班克斯和亚历山大·冯·洪堡。他们的思想催生了人类学、人种学等新兴学科的萌芽，从而帮助引导了 19 世纪科学发展的方向。

右页图 / 这张南半球的地图是詹姆斯·库克在 1772—1775 年“决心号”航行期间绘制的几幅地图之一，发表在他的南极航行日记中。

南半球海域图
詹姆斯·库克
《通往南极和环游世界之旅》
雕版画
1777 年
55.3cm × 54.7cm

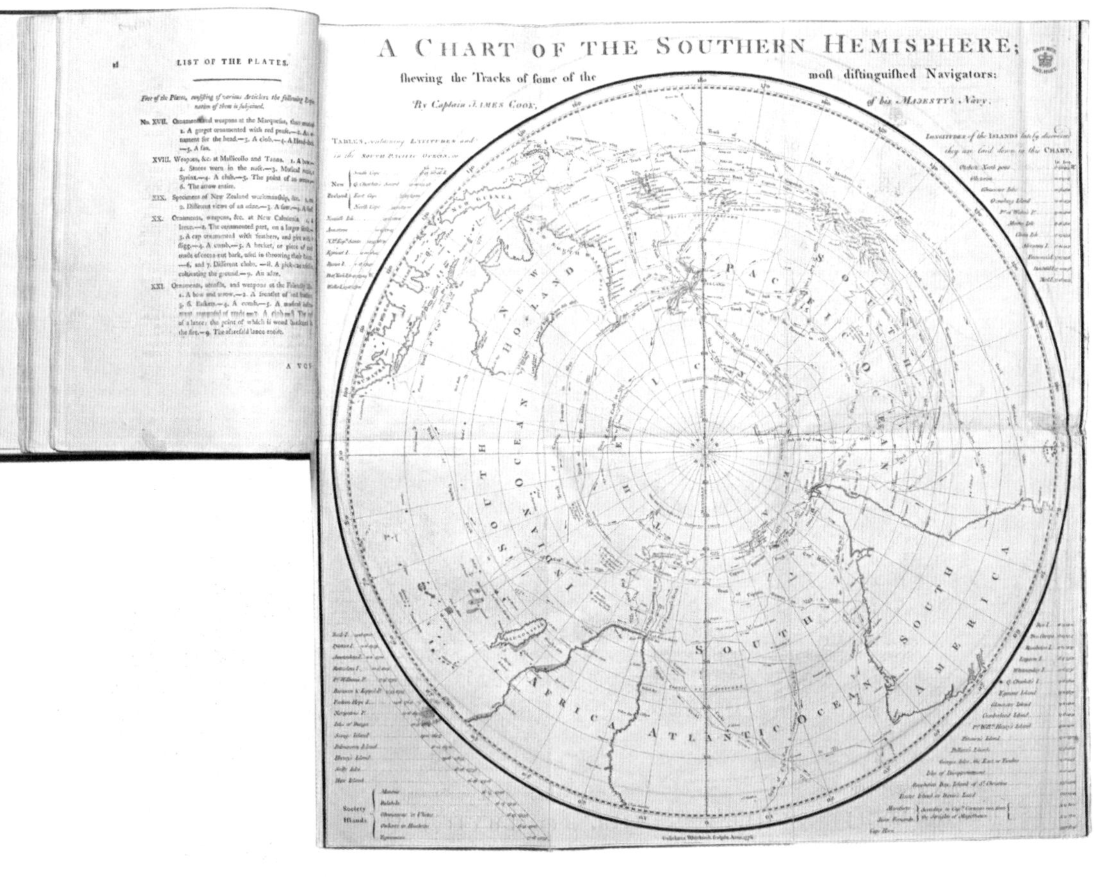
LIST OF THE PLATES.
A CHART OF THE SOUTHERN HEMISPHERE;
shewing the Tracks of some of the most distinguished Navigators:
By Captain JAMES COOK, of his MAJESTY's Navy.
NEW HOLLAND
PACIFIC OCEAN
SOUTH
INDIAN OCEAN
AFRICA
ATLANTIC OCEAN
SOUTH AMERICA

82
about 2/3 natural size
Ge. Forster
Aptenodytes antarctica J.R. Forster in Commentat. Gotting. 3. p. 141. tab. 4.
this figure.
aptenodytes antarctica

本页图 / 库克的第二次航程并未开往澳大利亚，尽管“决心号”的姐妹船“探险号”在范迪门地（如今的塔斯马尼亚岛）登陆。大家都认为两艘船应该在新西兰夏洛特皇后湾会合，福斯特正是在此地和达斯基湾，花费时日收集当地的动植物群并绘制画作。这株稻花属植物正是福斯特在达斯基湾时绘制的。

稻花属植物
格奥尔格·福斯特
水彩、墨水画
1773 年
48.1cm × 32.7cm

左页图 / 1772 年 12 月船队提前进入南部海域时，福斯特记录下他们第一次在航行中看到企鹅和冰山。在同纬度地区，他们还见识到了当时被称为“南方之光”的奇妙现象——南极光。格奥尔格·福斯特在航行中为 6 种不同种类的企鹅绘制了画作。约翰·福斯特则是第一位描绘南极企鹅的画家，并于 1781 年出版发行画集。

南极企鹅
Pygoscelis antarcticus
格奥尔格·福斯特
水彩画
约 1773 年
48.1cm × 34.1cm

约翰·韦伯（John Webber）
威廉·埃利斯（William Ellis）

库克船长第三次航行的首要目标是探索亚洲与美洲大陆之间的西北航道。考察队的航船驶过开普敦，继而穿过印度洋南部前往塔斯马尼亚州、新西兰和塔希提岛。库克从这片区域起航，继续向北航行，开往白令海峡。他在 1778 年年底返回夏威夷过冬，次年 2 月 14 日在当地遇害。

这次航行的官方画家是随“决心号”航行的约翰·韦伯。韦伯创作了大量风景画和各类人种尤其是夏威夷人的画像，以及一些博物学作品。而在“发现号”（同行的另外一艘航船）上的画师是威廉·埃利斯，同时兼任医生的助手。埃利斯绘制了一批博物学水彩画和素描，主要以鸟类为主。他的绘画艺术水准当然远不能和韦伯相提并论，但埃利斯成功地将一些当时自然科学未知的物种记录了下来。

本页图 / 在第二次航行中，库克造访了汤加王国，并称其为“友好的群岛”。因此在第三次航行中，整个 7 月他都在这片群岛逗留，也使威廉·安德森和威廉·埃利斯有时间采集标本并进行相当广泛的观察。这幅画中的果蝠（也称狐蝠）在汤加的许多岛屿上都颇为常见。它们选择大规模群居的生活方式，并在岛屿之间定期迁徙。

狐蝠
Pteropus sp.
威廉·埃利斯
水彩画
约 1777 年
19cm × 28.6cm

凯尔盖朗岛甘蓝
Pringlea antiscorbutica
约翰·韦伯
水彩、水粉画
约 1777 年
22.2cm x 18.8cm

本页图 / 这株甘蓝原产自位于非洲与大洋洲中点的凯尔盖朗岛。库克在第三次航行中曾在此登陆，并称之为“荒芜之岛”，因为岛上除了一些苔藓和这种甘蓝种植物以外，几乎寸草不生。

W: W: Ellis ad viv: del: et pinx t:
1777.

犯人的流放之所

澳大利亚博物学艺术第二阶段的发展进程仍然是得益于约瑟夫·班克斯。他从库克的首次航行返回时，就已是公众眼中的英雄了，在知识分子圈内也颇具名望。在1778年被选为皇家学会会长后，身居要职的他面对政商两界一些关键的决策者时拥有一定的话语权。18世纪接近尾声时，他的权威性日渐增长，博物学领域发生的一切几乎都与他有着千丝万缕的关联。无论是吸引直接的资金赞助、为探险队挑选人员、说服政府部门或政策制定机构，抑或只是发表一些个人的意见，班克斯见证着博物学方方面面的发展。

18世纪80年代中叶，约瑟夫·班克斯建议将英国拥挤的监狱中的一部分犯人转移至澳大利亚的植物学湾[1]。在美国独立战争之后，英国已经不能再将那些臭名昭著的罪犯驱逐到美国佐治亚州沿岸，因此急需为这群不受欢迎的人提供新的居所。而此时英国海军部也正需要在澳大利亚建立一个海军补给基地，还有什么能比使用这群免费劳动力来建造基地更好的方法呢？1787年5月13日，班克斯的提议得到批准，11艘舰船从英国朴次茅斯出发，前往杰克逊港（即今天的悉尼）。这些船只组成了众所周知的“第一舰队”，船上满载的罪犯们要在环境艰苦、气候恶劣残酷的异域服刑。与他们同行的有政府官员、船员、海军将士及其妻子、家人们。在抵达杰克逊港的1400余人里，没有一位官方指定的博物学家或画家。海军部压根儿就没有考虑让这两类专业人士登上“第一舰队”的甲板。直到13年后，费迪南德·鲍尔和罗伯特·布朗在英国当局的赞助下才在澳大利亚开始了专业的工作。

左页图/跟随库克结束了最后一次航行后，威廉·埃利斯出版了两卷本的探险故事。书中有一小部分的人种学画作，但没有一幅植物、动物和鸟类的作品。1785年，第55期《绅士杂志》发表了一篇报道，描述了埃利斯在奥斯坦德从一艘船的主桅上失足跌落而死的经过。

黑脸鹃鵙
Coracina novaehollandiae
威廉·埃利斯
水彩画
1777年
24.5cm × 17cm

[1] 又被称为“博特尼湾”，1770年库克船长从这里首次登上了大洋洲大陆。——编者注

乔治·雷珀 （George Raper）

欧洲人待在澳大利亚的最初 10 年里，只有个别罪犯和官员们绘制画作，他们受过海军传统的制图技术教育，对有关海岸线的轮廓及航海图的制作略知一二。其中一位官员就是 1769 年出生在伦敦的乔治·雷珀，他曾在“天狼星号”担任见习军官。雷珀精通制图技术，在澳大利亚及新西兰服役的 5 年期间，他完成了大量画作，对于这段时期内澳大利亚整体的艺术成就贡献良多。虽然绘画的重点是动物群和植物群，但他个人的兴趣点更多地集中在杰克逊港以及周边地区的地形描绘上。尽管雷珀创作了大量画作，对于这片新大陆上的动植物的兴趣显而易见，但相较于悉尼·帕金森和奥地利的费迪南德·鲍尔，他有一项硬伤：对所描绘的对象缺乏足够的科学知识。和所有第一批来到澳大利亚的画家一样，雷珀既缺乏专业的绘画技巧，同时由于身边没有资深的博物学家可以请教，使得他也缺少科学制图所需要的精确表现细节的能力。

右页图 / 在第一次看到鸸鹋时，许多人都认为这是一只鸵鸟，很多旅行者都在这片新大陆上发现了许多像这样不会飞行的大型鸟类。

鸸鹋
Dromaius novaehollandiae
乔治·雷珀
水彩画
1791 年
47.6cm × 31.5cm

本页图 / 在“天狼星号”于 1790 年 3 月 19 日沉没之后，乔治·雷珀被困在诺福克岛长达 11 个月之久。在那里，他绘制了许多关于地形景观以及包括鱼类在内的各种动植物的水彩画作品。

长吻裸颊鲷
Lethrinus miniatus
乔治·雷珀
水彩画
1790 年
33.4cm × 49cm

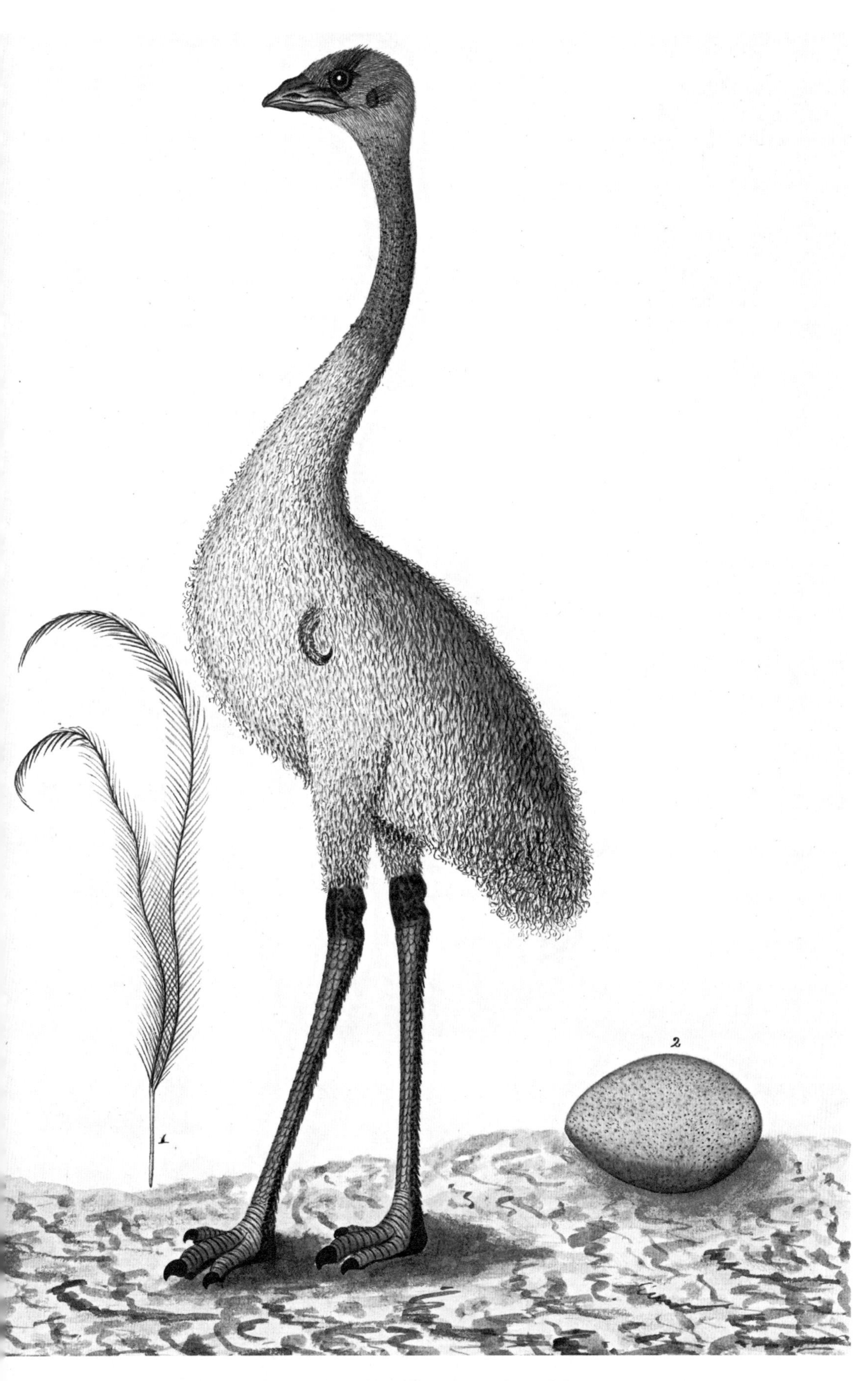
1
2

本页图 / “第一舰队” 抵达杰克逊港后不久，第二批罪犯居住区在诺福克岛建立。1790 年 3 月，“天狼星号” 和 “补给号”（“第一舰队” 中的两艘船）带着 280 人行至此地。在船上的男人、女人和孩子们都离船上岸，一些货物也被卸下后，“天狼星号” 被风浪扫过，撞上暗礁沉没。雷珀绘制了多幅沉船的画作。

诺福克岛与失事的 “天狼星号” 残骸
乔治·雷珀
水彩画
1790 年
33.7cm × 49cm

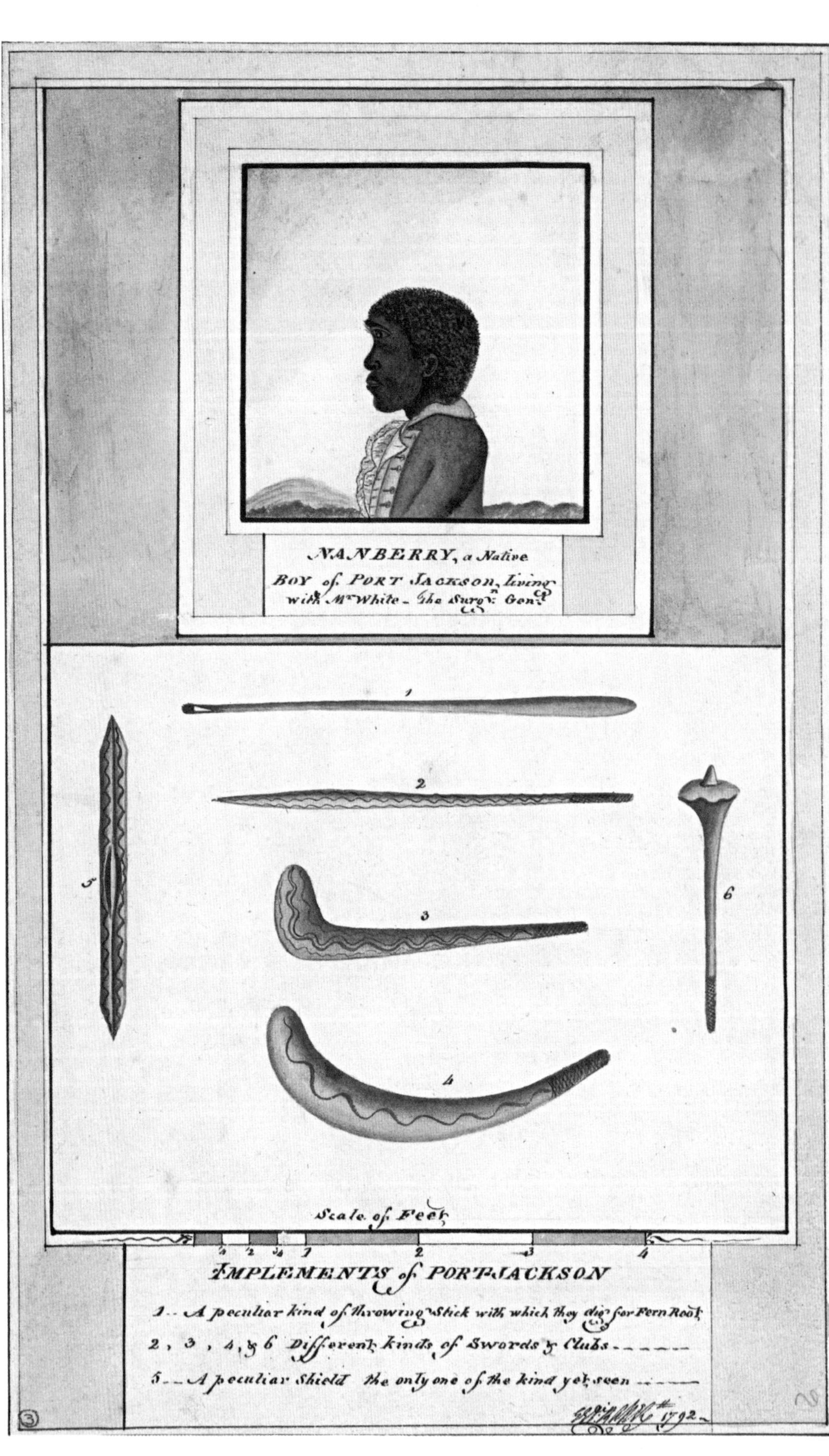
NANBERRY, a Native
BOY of PORT JACKSON, Living
with Mr White - the Surgn. Genl.
Scale of Feet
IMPLEMENTS of PORT JACKSON
1 -- A peculiar kind of throwing Stick with which they dig for Fern Root
2, 3, 4, & 6 Different kinds of Swords & Clubs
5 -- A peculiar Shield the only one of the kind yet seen
1792

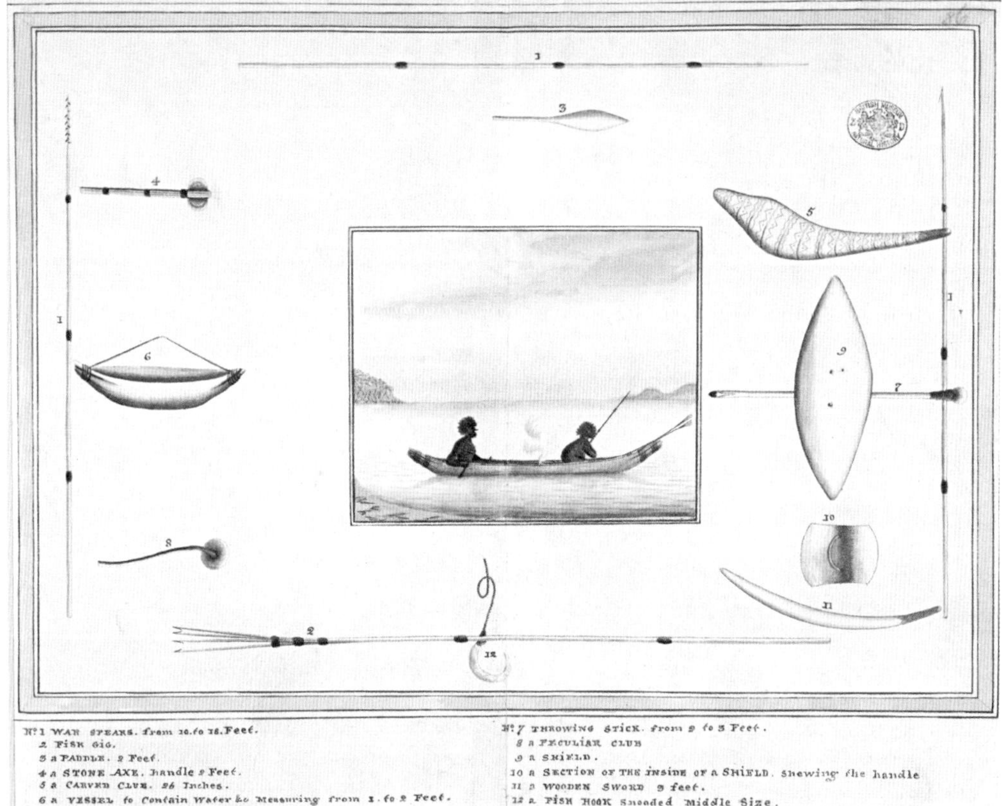

杰克逊港乘独木舟捕鱼的原住民
乔治·雷珀
水彩画
1790 年
32cm × 29.5cm

本页图 / 对欧拉族的人种记录包括画像、典礼、宗教仪式在内的文化活动，还有欧洲人看来很不寻常的手工艺品。图画中展示的工具包括石斧、木剑、掷棍、鱼钩等。

南贝里
乔治·雷珀
水彩画
1792 年
31.8cm × 19.5cm

左页图 / 杰克逊港的原住民男孩南贝里与军医总监怀特先生共同生活。南贝里从 9 岁或 10 岁起就跟随约翰·怀特。南贝里的父亲罹患天花后不久就去世了，去世前都是南贝里在照顾，他的母亲和姐姐也都死于这种疾病。

托马斯·沃特林 （Thomas Watling）
杰克逊港画家 （*Port Jackson Painter*）

当乔治·雷珀在 1791 年从澳大利亚启程返回英国时，第三批罪犯正穿过南部海域被运往植物学湾。其中有一位罪犯叫托马斯·沃特林，曾因伪造几尼金币而被指控，面对着被判绞刑的风险，他选择了被流放至澳大利亚。他最终被判在澳大利亚服刑 14 年。

沃特林是苏格兰血统，生于邓弗里斯，在还是婴儿的时候父母双亡，自幼便由他的姑妈抚养。他接受了相当不错的教育，尤其是绘画方面，有段时间甚至自己开设了一所艺术学院。沃特林曾在开普敦港口成功潜逃，但又被荷兰人逮捕，送到新南威尔士州继续服刑。

在杰克逊港，沃特林被迅速指派给殖民地军医总监约翰·怀特。怀特是一位热忱的业余博物学家，正是在他的指导下，沃特林开始作画。尽管比起开凿石头、砍伐树木这种体力活，绘画要惬意得多，但沃特林很不情愿为怀特绘画，并且对怀特及其他官员对待他的态度感到厌恶。怀特反对沃特林在画作上署名，尽管如此，还是有大批画作签有沃特林的大名。这些作品有些成为怀特收藏品的一部分，有些仍为沃特林私藏，他期待着有朝一日重获自由能够将这些作品出版发行。

沃特林并未服满 14 年的刑期，而是于 1797 年被有条件赦免。回到邓弗里斯后，尽管他尝试着想做一名“小镇画家”[1]，但并没有取得多大成就，晚年则更为不堪，穷困潦倒到向海军部有关人士讨要资助维持生存。

[1] 乔治·麦卡尼斯，“一封植物学湾犯人写给他在邓弗里斯的姑妈的信”，1945 年，第 11 页。

Thomas Watling. delt.
This smale tree grows to about the height of eight or ten feet; its leaves
springing out alternately above each other, in this manner, — When the flower
falls the pods appear as underneath, sometimes to the number of six, (but not as
represented here) from whence succeeding branches shoot and flourish as
the former. The Native name Warratta

本页图/“这种小树能长到大约8～10英尺高（1英尺约30.48厘米）……本土名字为‘沃拉塔’（Warratta）。”沃特林被指派为“第一舰队”军医总监约翰·怀特工作，后者对澳大利亚的博物学非常感兴趣。1790年，怀特出版了《新南威尔士航行日记》，其中包括65幅植物、动物、鸟类及其他自然物种的插图，这些插图由几位画家共同完成。沃特林在描绘野生动物时，被认为受到这些作品的画风和表现手法的影响。

蒂罗花
Telopea speciosissima
托马斯·沃特林
水彩画
1792—1797年
36.6cm × 21.8cm

和大多数澳大利亚早期的画家一样，托马斯·沃特林创作了当地动物群、植物群以及自然风貌的水彩画、淡水彩画、墨水画、铅笔画等。他还绘制了一批悉尼沿海地带的原住民欧拉族的铅笔素描作品。欧洲人创作的第一批澳大利亚原住民的画像在质量和准确度方面都参差不齐，在用画笔描绘人物时，那些面对动植物时所持有的“客观性立场”就无法应用了，因为画家与所绘对象免不了相互影响。画家们在接触

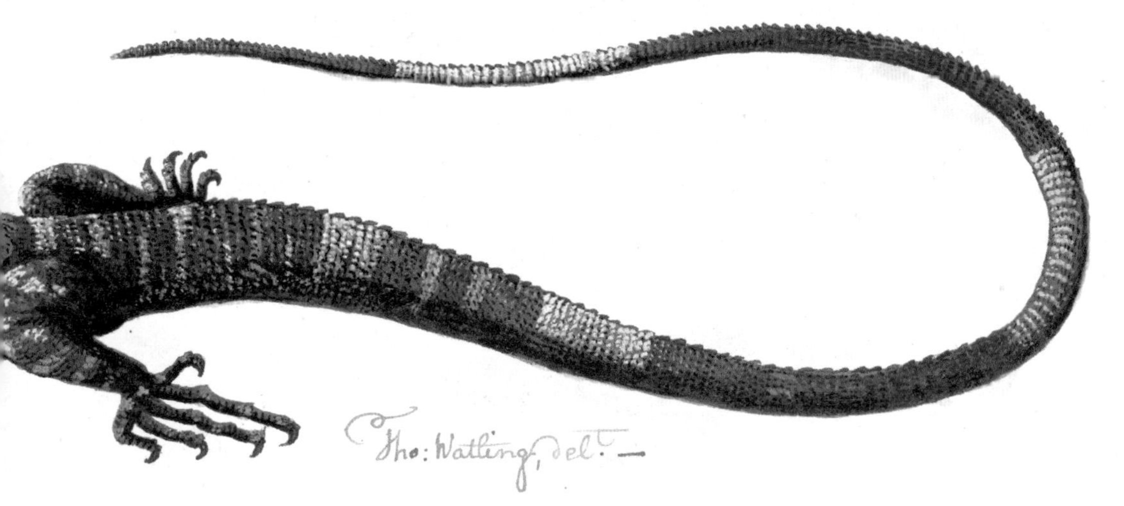

本页图 / 图注介绍说：“这幅画为实物尺寸的一半大小，不过这个物种的体型差异很大，有的要比画作中的大许多，而另外一些则又小许多……和其他蜥蜴或大蜥蜴一样，它们住在岩石的洞穴里面，以昆虫为食。”

巨蜥
Varanus sp.
托马斯·沃特林
水彩画
约 1792—1797 年
12.2cm × 31.9cm

这里的原住民时那些先入为主的想法已经给作品带来瑕疵。有些肖像画，如理查德·布朗的作品，就像漫画一样夸张。对沃特林以及与他同期的那些无名画家们（被统称为“杰克逊港画家”）而言，尝试描绘原住民的生活方式及手工制品的目的是为了把自己的所见所闻记录与存档。尽管沃特林对这些原住民仍存有鄙夷的态度，但他的画笔中还是传递出一些同情，就如同他给姑妈的信中透露出的一般。

Native name Bur-roo-gin; Two thirds the Natural size

本页图 / 每一幅画作都有详细的注释，描述其外形特征、生长环境以及从当地欧拉族人那里获取的有关信息。关于这只针鼹，有如下注释:“本地名为‘布鲁金’(Burroo-gin-)，原住民告诉我尽管他们很少看见这种动物(它们非常害羞，时刻准备着挖洞，好迅速将自己藏起来)，但其实在这片国土的内陆地区，它们的数量极为庞大。他们告诉我，这家伙的肉鲜美无比。”

短吻针鼹
Tachyglossus aculeatus
托马斯・沃特林
水彩画
1792—1797 年
14.9cm × 29.6cm

叶尾虎
Phyllurus platurus
托马斯・沃特林
水彩画
1792—1797 年
12cm × 23cm

东部鬃狮蜥
Pogona barbata
托马斯・沃特林
水彩画
1792—1797 年
17.5cm × 29.6cm

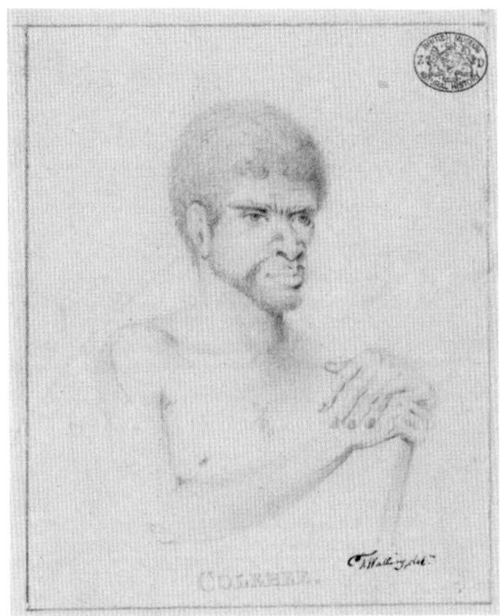

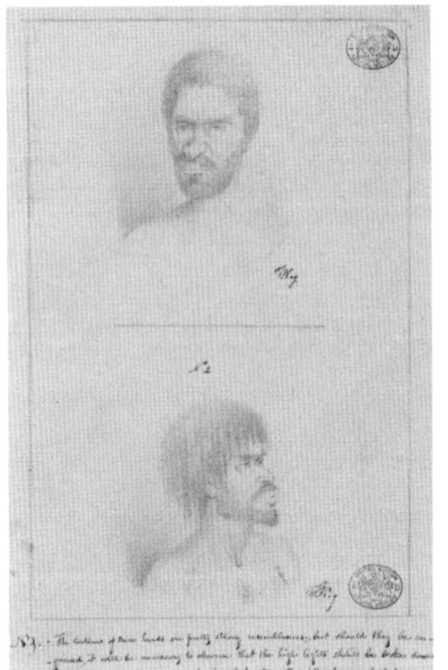

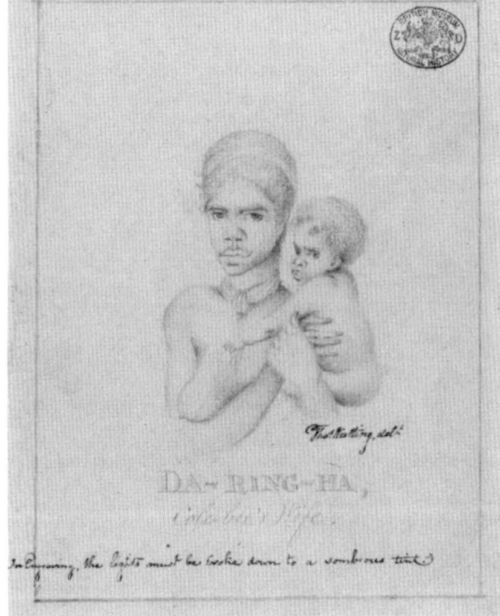

从左上方顺时针：
科尔比
托马斯·沃特林
铅笔画
约 1792—1797 年
20.6cm × 11.2cm

南布里
托马斯·沃特林
铅笔画
约 1792—1797 年
20.5cm × 16.1cm

无名欧拉族人头部
托马斯·沃特林
铅笔画
约 1792—1797 年
31cm × 19.2cm

达琳哈，科尔比之妻
托马斯·沃特林
铅笔画
约 1792—1797 年
20.5cm × 16cm

本页图／现今悉尼地区及周边的原住民群落在很短一段时间内就消失了。在“第一舰队”到达的两年内，族群内一半的人因为天花等疾病而死亡；而仅仅 10 年内，欧拉族的生活方式就难觅踪迹。这些有名可依的人物铅笔肖像画是存留至今的极少数关于欧拉族人的记录。

BRITISH MUSEUM
NATURAL HISTORY
A Native Wounded while asleep

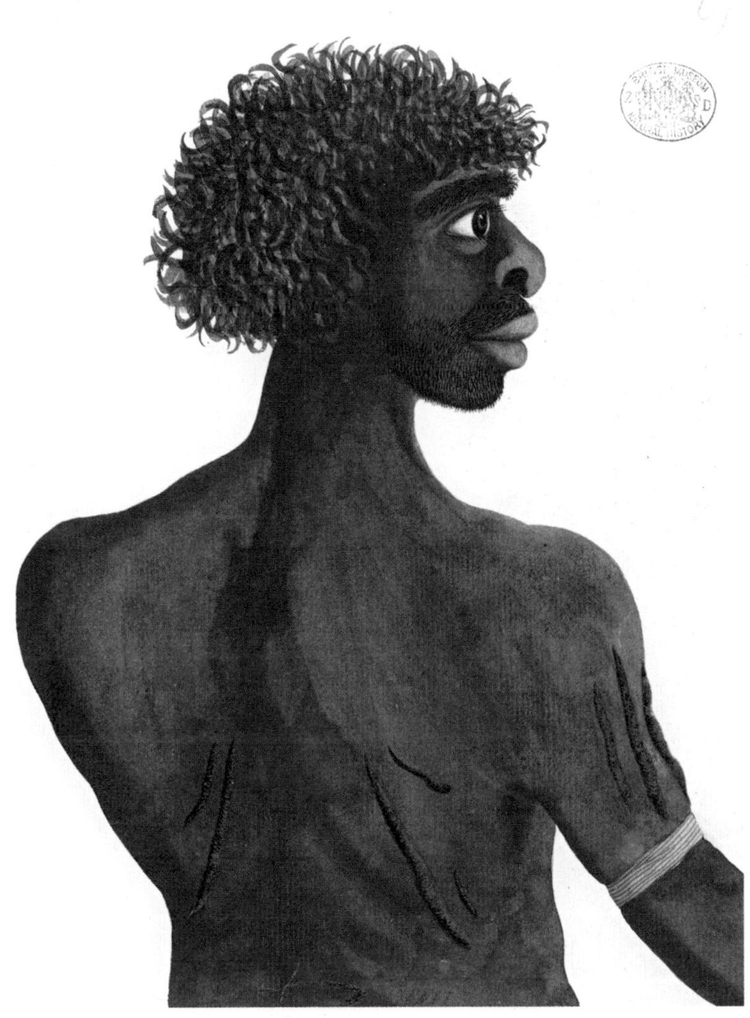

本页图 / 写在画作底部的“Gna.na.gna.na.”字样，应该是这个原住民的名字噶纳噶纳。他是本纳隆的妹夫、巴洛德利的朋友。

杰克逊港画家
噶纳噶纳
Gna.na.gna.na.
水彩画
约 1788—1797 年
28.6cm × 20.7cm

一位熟睡时受伤的原住民
杰克逊港画家
水彩画
约 1788—1797 年
20.8cm × 18.7cm

左页图 / “一位熟睡时受伤的原住民”。这幅画要比同时代绝大部分肖像画更富有艺术韵味，画家让画中人物“摆出”经典的希腊式姿态，整幅作品画在带有黑色边框的圆形图案中。

BRITISH MUSEUM
NATURAL HISTORY
Native of New South Wales ornamented after the manner
of the Country,

本页图 / 这幅引人注目的巴洛德利肖像画表现出了他身体上绘制的独特标记，这些标记具有重要意义，可以向其他人传递有关自己和所在部落的信息。

巴洛德利
杰克逊港画家
水彩画
1788—1797 年
28.5cm × 21cm

一位按本国生活方式着盛装的新南威尔士原住民
杰克逊港画家
水彩画
约 1788—1797 年
21.1cm × 17.7cm

左页图 / 有关澳大利亚原住民欧拉族的画作中，描绘了原住民身上的颜料、疤痕、瘢痕疙瘩等人体“装饰”，同时也描绘了头发上、鼻子上的装饰物和项链、束发带和束腰带，诸多装饰品都是由动物骨骼或牙齿制作而成。

Woman of New south wales curing the head ake, the blood which she takes from her own gums she
supposes comes along the string from the part affected in the patient. This operation they call
Bee-an-mee

新南威尔士州一个妇女在治疗头痛患者
杰克逊港画家
水彩画
约 1788—1797
21.7cm × 34.2cm

本页图 / “新南威尔士的一个妇女正在治疗一位病人的头痛症，她通过一根细线似乎是将病人感染部位的血引出来，实际上只不过是她自己牙床的血罢了。当地人称这种活动为‘比安米’(Bee-an-mee)。”

爬树之法
杰克逊港画家
水彩画
1788—1797 年
31.5cm × 19cm

左页图 / 英国海军官员沃特金·坦奇曾跟随“第一舰队”航行，在他的《杰克逊港殖民全录》一书里完整地描述了画中原住民爬树的方式。

本页图 / 这只褐色的大型翠鸟如今被称为笑翠鸟，是澳大利亚东部特有的鸟类。画作附加的描述是："实物的三分之二大小，当地人称之为'谷咯纳甘'（Goo-ge-na-gan）。"

笑翠鸟
Dacelo novaeguineae
杰克逊港画家
水彩画
约 1788—1797 年
22cm × 16.3cm

左页图 / "黑天鹅，与一种名为马尔戈的英国天鹅体形类似。"几位来自"第一舰队"的人均在他们停留在澳大利亚时写的日记中记录到：当这种鸟类飞翔时，人们只能看到它们白色的翼尖。关于这类天鹅的大部分记录都写于 1788 年，恰好也大概是这幅画作完成的时间。

黑天鹅
Cygnus atratus
杰克逊港画家
水彩画
1788 年
21.3cm × 10.3cm

BRITISH MUSEUM
NATURAL HISTORY
22 Inches from the extremities. This Bird is found along the shores of the Sea coast. | American Avoset Latham Syn 5. p. 295.

左页图、本页图 / “实物尺寸大小，这是一种珍稀的鸟类，仅在一些环礁湖边出没。属于反嘴鹬的一种，当地称为‘安替奎蒂奇’（Antiquatich）。”博物学画作及其文字注释为现在的研究者们提供了关于此物种早期在这个区域的信息。

左页图：红颈反嘴鹬
Recurvirostra novaehollandiae
杰克逊港画家
水彩画
1788—1797 年
20.3cm × 14.6cm

本页图：红颈反嘴鹬
Recurvirostra novaehollandiae
杰克逊港画家
水彩画
1788—1797 年
47cm × 26.5cm

本页图 / 这幅未署名的画也被归功于“杰克逊港画家”所作。托马斯·沃特林也为这种动物绘制了一幅作品，并介绍道：当地人将这种蛇类命名为“玛里阿”（Mal-lea），它长约 0.9 米。许多画作都是对一些物种的首次描绘，这些物种有的极为罕见，有的自此消失，再也没有出现过。

地毯蟒
Morelia spilota
杰克逊港画家
水彩画
约 1788—1797 年
31.8cm × 20.2cm

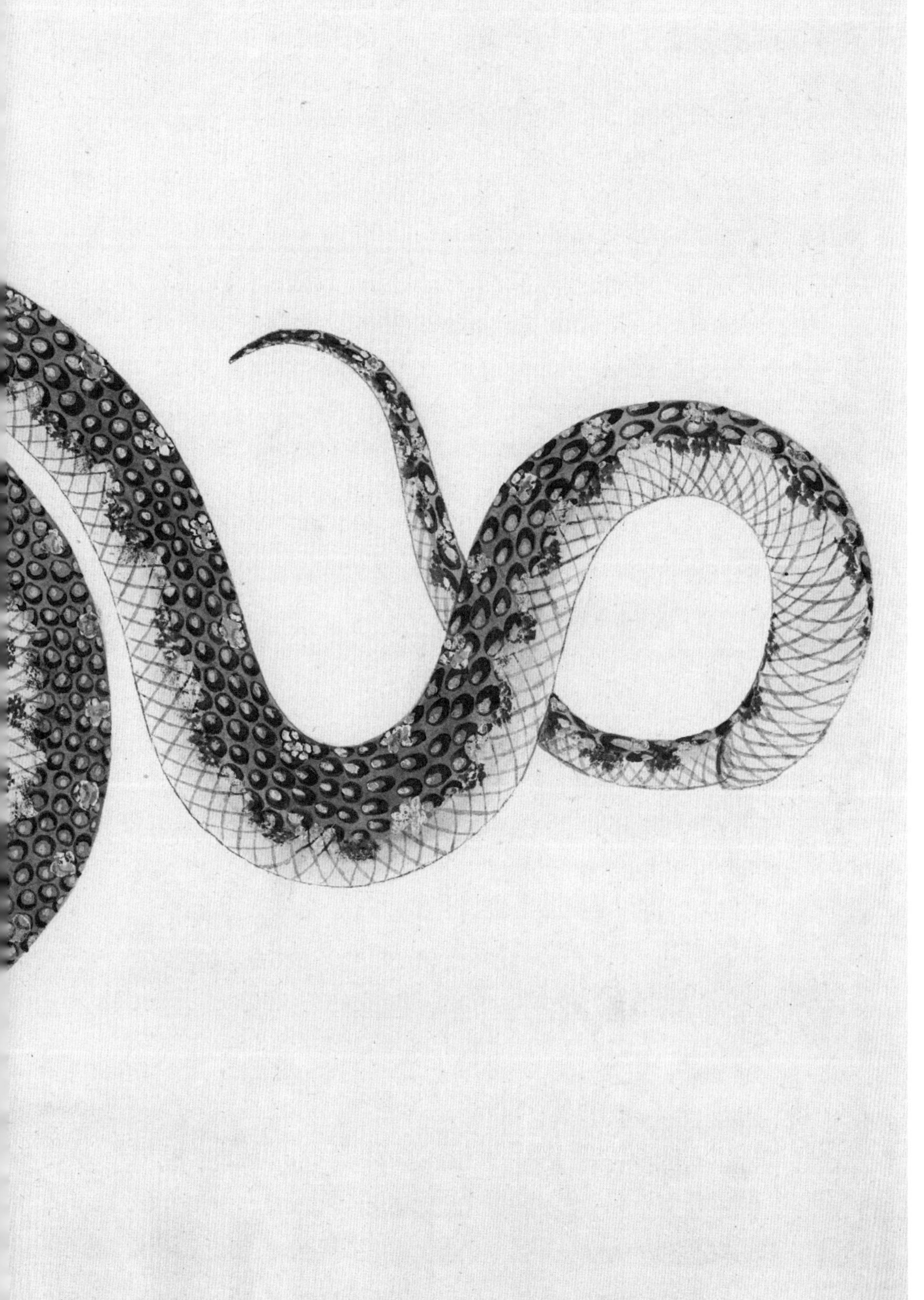

职业画师的到来

1801年，首批政府赞助支持的职业画师抵达澳大利亚，分别是由尼古拉斯·鲍定率领的法国考察队和由马修·弗林德斯带领的英国考察队。鲍定的船队于1801年5月抵达澳大利亚，弗林德斯率领着“调查者号”于同年12月到达。这两批考察队分别从两个方向环绕澳大利亚全岛航行，最终在1802年4月会合，弗林德斯事后将会合地点命名为因康特湾[1]。

两位船长都肩负着为澳大利亚海岸线绘制地形图的任务，同时两边的船队中都有各自的博物学家和画家。鲍定指挥着“博物学家号”和“地理学号”两艘船，队伍中有博物学画家查尔斯·亚历山大·勒叙厄尔以及人类学家尼古拉斯·珀蒂。与弗林德斯同船随行的有博物学家罗伯特·布朗、风景画家威廉·韦斯托尔和博物学画家费迪南德·鲍尔，三人均由英国海军部任命。

英国海军部能够承诺支持弗林德斯探险航程中博物学小分队的工作，完全是约瑟夫·班克斯爵士热情游说的结果。他将对澳大利亚海岸线进行博物学勘测的重要性告诉海军部的负责人，而法国同僚同期正如火如荼地进行着的准备工作也为他的游说助力：法国考察队的两艘舰船上总共载有22位科学家、园艺师和画家。

然而即便得到了海军部的支持，班克斯仍需寻找额外的资金支持为费迪南德·鲍尔垫付旅费。好在班克斯最终成功地从东印度公司获得一笔1200英镑的赞助，作为交换条件，鲍尔要寻找一些能够种植在公司在印度或其他地方植物园里的植物。尽管鲍尔的薪水要比风景画家罗伯特·布朗多出不少，但风景画作品有时能为行船导航或航海图的绘制提供关键参考，因此风景画家也较为被倚重，相较之下博物学画家就不那么被重视了。

右页图 / 与尼古拉斯·鲍丁船长一起前往澳大利亚进行为期4年的探险活动时，查尔斯·亚历山大·勒叙厄尔刚刚23岁。他在旅程中绘制了大量的画作，其中包括一些优美的海洋生物的水彩画，这一系列的作品还被弗朗索瓦·佩伦翻印后发表在关于这次航程的出版物中。

植虫类
查尔斯·亚历山大·勒叙厄尔
《探索发现南部陆地之旅》
手绘雕版画
1824年
34cm × 25cm

[1] 因康特湾的英文名字为“Encounter Bay”，“encounter”一词有相遇、不期而遇的意思。

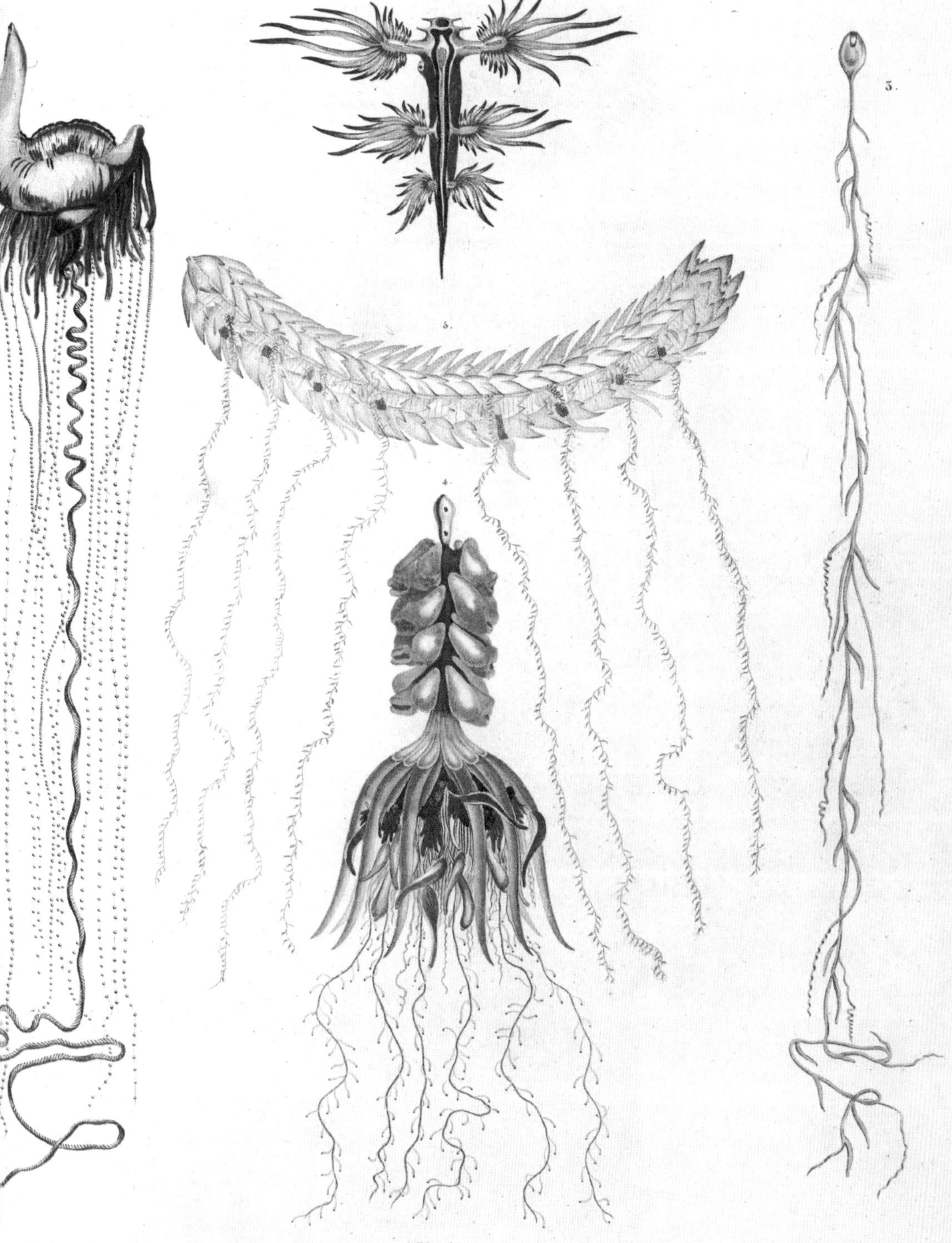

C. A. Lesueur del. J. Milbert direx. Choubard sculp.

MOLLUSQUES ET ZOOPHYTES.

1. PHYSALIA *Megalista*. N.
2. GLAUCUS *Eucharis*. N.
3. RIZOPHYSA *Planestoma*. N.
4. PHYSSOPHORA *Muzonema*. N.
5. STEPHANOMIA *Amphytridis*. N.

费迪南德·鲍尔 （Ferdinand Bauer）

费迪南德·鲍尔出生在奥地利的费尔茨贝格，即如今捷克共和国的瓦尔季采。鲍尔的父亲是利希腾斯泰因王子的宫廷画师，但他并不了解自己的父亲，因为在他两岁的时候父亲就已辞世。孩提时代，费迪南德和他的兄弟们接受诸如植物采集、印刷、绘画方面的教育，他和两位兄弟被培养成职业画师。他的哥哥弗朗兹被任命为英国皇家植物园首位植物画师，年薪 300 英镑。费迪南德作为家中最小的孩子，希望能为科学家或富有的赞助人担任专属画师。他和哥哥弗朗兹均被认为是历史上杰出的植物学画家。约翰·沃尔夫冈·歌德曾被费迪南德的作品所陶醉，

并如此描述道:“自然显乎外，艺术藏于内;精细至颠毫，技法蕴温情。”[1]

鲍尔在这次航程中的作品都是富有科学性的绝妙杰作。他本人对于植物结构和生理机能有着很好的理解，在旅程中还能得到优秀植物学家罗伯特·布朗的帮助。在“调查者号”环游澳大利亚海岸线的两年时间里，当弗林德斯记录各种数据和制作航图之时，鲍尔和布朗则不断深入澳大利亚内陆地区，采集、绘制草图、做笔记。鲍尔儿时的导师曾经教过他如何使用 140 多种颜色的色标图表。在鲍尔旅行到澳大利亚时，他已经能够将颜色扩充到 300 多种。这种技巧使他在绘制草图时只需要将合适颜色的数字代码标明在画作上，等回到更舒适的环境，同时时间也更宽裕之后，他再继续完成作品。一般来说，鲍尔得用一个星期的时间

本页图 / 费迪南德·鲍尔是一流的植物学画家，而从他的动物学作品来看，他同样也是一位出色的动物学画家。他所绘制的大洋洲动物可以算是对南半球某些物种的首次精确描绘，包括动物身体部位构造的细节描绘。在头一次看到有关鸭嘴兽的文字描述时，许多欧洲人以为这是恶作剧，另外一些人则相信这是在蛮荒的土地上动物滥交的证据。

鸭嘴兽
Ornithorhynchus anatinus
费迪南德·鲍尔
水彩画
约 1801 年
51.3cm × 32.9cm

[1] 约翰·歌德，1817 年，(戴维·马伯里的书中记录)《费迪南德·鲍尔：探索的本质》，1999 年，第 123 页。

来完成一幅水彩画。

在这片地形险峻、充满未知的土地上勘测、采集标本已是困难重重，然而祸不单行，暴虐无情的夏季热浪袭来，船上每个人的生命都危在旦夕。包括弗林德斯、布朗和鲍尔在内，船上的几乎所有人都被坏血病、痢疾或中暑击倒。此外，船只从航程开始时就不在最佳状态，途中经常需要维修、保养。等到 1802 年年底时，全船上下更是没有一块“结实的船骨”了。[1] 1803 年 6 月，“调查者号”渗漏现象十分严重，人们认为不可能修好它了。弗林德斯做出返航的决定，先去杰克逊港接回之前登陆的部分船员，再返回英国换一艘船完成这次勘测任务。

费迪南德·鲍尔和植物学家罗伯特·布朗在澳大利亚多逗留了两年，研究新南威尔士州的博物学。他们还分别沿着不同的线路独自考察：布朗前往塔斯马尼亚，鲍尔去了诺福克岛——这座岛 1788 年被殖民者统治，和新南威尔士一样成为流放地。鲍尔和布朗在 1805 年回到英国，但并没有人组织欢迎派对为他们接风洗尘，完全不像一年前洪堡在巴黎所受

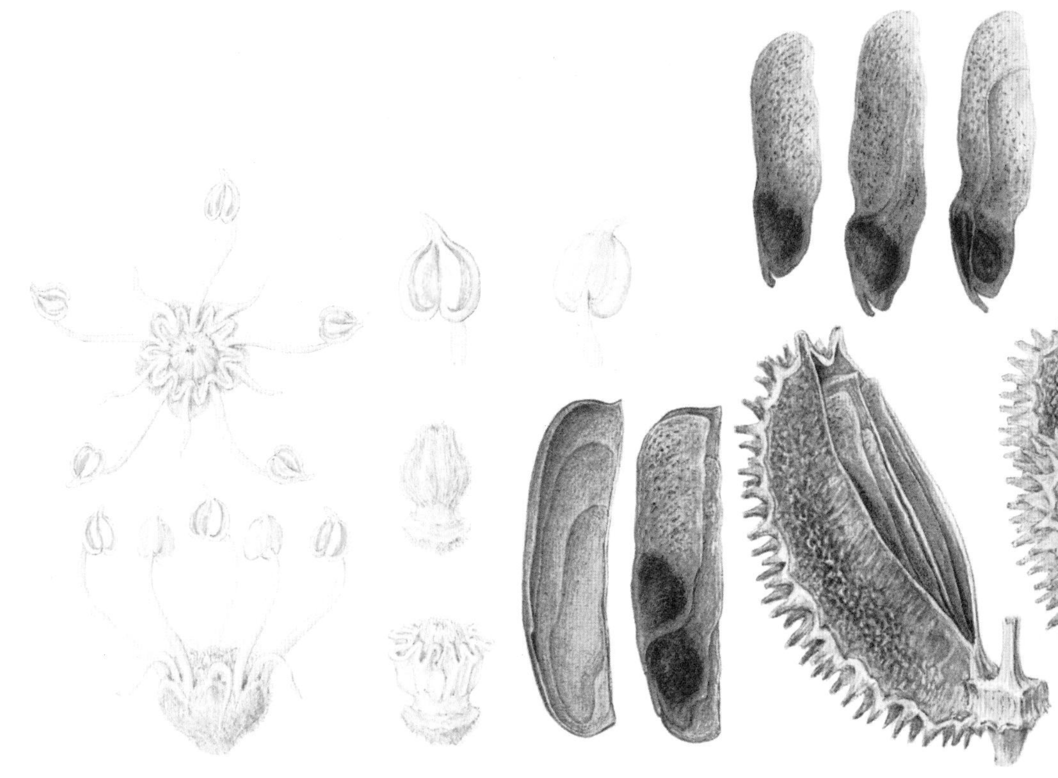

到的待遇。约瑟夫·班克斯竭尽所能为他们俩争取到了海军部的支持，使得他们能够对带回来的标本进行后续的鉴别、归类及绘画工作。与此同时，当年对完成澳大利亚航行的库克船长奉若神明的人们又开始拥戴起他们新的英雄纳尔逊将军[2]。

正所谓“福无双至，祸不单行”，在弗林德斯做出返航的决定之后，幸运女神似乎就已弃弗林德斯远去。离开杰克逊港7天以后，他的“海豚号”撞上了一块暗礁，弗林德斯不得不换乘一艘小船返回杰克逊港。接着，他又乘上“坎伯兰号”继续出海，这艘船也一样腐朽老旧，他最终被迫停靠在当时受法国统治的毛里求斯。然而弗林德斯并不知道，早在当年5月，不列颠帝国与拿破仑的法兰西帝国之间重燃战火，很快他便身陷囹圄。他在毛里求斯当了6年半的囚犯，在1810年返回英国后，他的身心再也没能从这些折磨中恢复过来。

本页图／植物学家罗伯特·布朗以“调查者号”船长马修·弗林德斯的名字为这种树命名，布朗和画家鲍尔都曾随此船出行。1802年9月，鲍尔在昆士兰州的布罗德湾绘制了这株树的草图，他们发现这株树“处于开花期且具有成熟的蒴果[3]”。

南方巨盘木
Flindersia australis
费迪南德·鲍尔
水彩画
1802年
52cm × 35.3cm

---

[1] 戴维·马伯里，《费迪南德·鲍尔：探索的本质》，1999年，第72页。

[2] 霍雷肖·纳尔逊，英国著名海军统帅，指挥了英国历史上著名的特拉法尔加战役（1805年），这次海战后，英国成为19世纪的海上霸主，法国则丧失了海上竞争能力。——编者注

[3] 根据成熟时果皮含水量的多少，果实分为肉果与干果。蒴果属于果皮开裂的一种干果，如棉花、烟草、芝麻等。——编者注

约翰·古尔德（John Gould）
康拉德·马滕斯（Conrad Martens）

在白人殖民统治、居住在澳大利亚最初的50年，描绘当地自然风貌、博物学以及人物的绘画作品不断地以杂志和书籍等形式复制、贩卖到欧洲市场。直到19世纪30年代，澳大利亚鲜有长驻的画家，大多数人都是通过到访过的博物学家和画家的作品来了解这个地方。其中一位访客便是约翰·古尔德，从1838年起，他和妻子伊丽莎白、儿子亨利用了两年时间游历澳大利亚，采集并临摹鸟类。在启程前往澳大利亚之前，古尔德就已经开始准备创作有关澳大利亚鸟类的作品。而当最后完成大洋洲之旅返航时，古尔德夫妇已经积累了足够的实地经验及素材可以将他们最初的想法变为现实——7卷精美著作《澳大利亚鸟类》。

随着有越来越多的职业画家在这片殖民地永久定居，描绘澳大利亚植物群和动物群的绘画方式才开始改变。极少数的画家能够只依靠绘画维持生计，绝大部分的人还得同时从事其他职业。以画家为职业的康拉德·马滕斯就是少数派中的一位职业画家，以此勉强维持生计许多年。

马滕斯1801年生于伦敦，青少年时期就决定要以当画家为职业目标，并对风景绘画格外感兴趣。他一直都是一位艰苦奋斗的画家，32岁那年，他决定改变自己的命运，启程前往南美洲。听闻一位船长正在寻找画师，马滕斯毛遂自荐，最终在菲茨罗伊船长的“小猎犬号”上谋得职位。当时，已经离开英国两年之久的“小猎犬号”停泊在蒙得维的亚，原先驻舰的画师奥古斯塔斯·厄尔因健康状况不佳辞去职务返回了英国。1833年12月6日，“小猎犬号”驶离蒙得维的亚时，船上的画家就换成了马滕斯。他不仅为菲茨罗伊承担绘画工作，还向部分海员教授绘画课程，其中一位叫西姆斯·科温顿的海员是查尔斯·达尔文的助手。马滕斯在“小猎犬号”上工作了一年，创作了大量的作品，同时也与达尔文成为伙伴、朋友。

1835 年，马滕斯来到澳大利亚并定居在悉尼，他在当地以风景画师为职业，大部分画作为水彩画。晚年，他前往一些边界地带的城镇如布里斯班旅行，为区域的自然风貌画素描并准备绘制水彩画。他最终受委托完成了 70 幅水彩画作品，其中的大部分都留存至今。马滕斯余生都在澳大利亚度过，于 1878 年离世。他的大部分作品现在保存在澳大利亚博物馆及美术馆内，马滕斯被认为是澳大利亚职业画家的先驱。

本页图 / 马滕斯更像是一位风景画家而非博物学画家，他的大部分作品都没有太强的科学性。他在一次讲座中曾解释道，风景画的目的在于模仿大自然造物的奇迹。在“小猎犬号”与查尔斯·达尔文共事的经历，使他懂得鉴赏科学研究的对象，也使他了解到观察的重要性。

从羊毛剪理捆装场看科林顿
康拉德·马滕斯
铅笔、粉笔画
1860 年
32cm × 52.5cm

本页图／约翰·古尔德的7卷本《澳大利亚鸟类》出版于1840—1848年，这是为数寥寥的含有大量实地写生作品的书籍之一。在塔斯马尼亚和澳大利亚南部地区的探险及野外工作旷日持久，经常一次就要整整几个月。当行至人烟稀少的区域时，古尔德就得依赖两位随行原住民丰富的野外生存经验和知识。不幸的是，古尔德从澳大利亚返回后仅仅过了一年就过世了，他只完成了681幅插图中的84幅。他的作品对于澳大利亚鸟类学意义重大。

缎蓝园丁鸟
Ptilonorhynchus violaceus
约翰·古尔德
《澳大利亚鸟类》
手绘平版印刷
1848年
54cm×71.6cm

EUS: Kuhl

拉塞尔
罗克斯伯勒
沃利克
哈德威克
霍奇森
胡克
方丹
汤奇
里夫斯

第三章

CHAPTER THREE

亚洲

ASIA

商业与帝国之印度篇

Trade and Empire ~ India

东印度公司与植物园

欧洲人出现在亚洲的时间很长，起初只是单纯的商贸往来。18 世纪时，英国及荷兰东印度公司掌控着各自国家与印度之间的一切商业活动。产自神秘东方的商品在欧洲市场潜力巨大，在最时尚、最富有的圈子中，无论是身上披着印度面料的衣衫，还是头上架着中国的梳篦，抑或用中国的瓷器来进食饮茶，向朋友展示一幅东方风情的水彩画，都是十分时髦的事情。

葡萄牙物理学家加西亚·德奥尔塔 16 世纪在果阿（位于印度境内）的研究，以及荷兰东印度公司在 17 世纪晚期的研究，是欧洲人关于亚洲植物最早期的研究。1678—1703 年出版的 12 卷《马拉巴尔海岸花园》凝结了近 30 年的研究成果。这是许多印度和欧洲的植物学家、内科医生、收藏家和画家共同努力的结果，包括了植物的文字描述、插图以及药用属性记录。植物名称分别以拉丁文、梵文、阿拉伯文、马拉雅拉姆文来记录。

18 世纪晚期，英国东印度公司拓展了它的业务范围，从一个单纯的商贸机构发展成为一股军事及政治势力。英国东印度公司逐渐成为英国政府的非官方代理机构，在 1773 年政府派驻首任行政总督到印度之后，政府对英国东印度公司的控制程度大为加强。英国东印度公司首要任务之一就是最大限度地开发利用印度的自然资源，出于这个目的，在一些政客和重要的博物学家如约瑟夫·班克斯爵士的共同支持和促进下，英国东印度公司建造了几个植物园以进行科学项目研究及实验。

专家被指派到这里指导植物园的建设工作，英国东印度公司还赞助探险队去领地内进行勘测、考察。造船用的木料供不应求，英国东印度公司在 19 世纪开始树木种植及森林培育的工作。人们寻找有药用或经济价值的植物并将其种植到英国东印度公司的植物园中。在这里，粮食作物、印染用的植物及其他具有商业价值的植物被鉴别、分类，这些植物可以移植到地球上有英国人涉足的各个角落。此外，植物园还能使引进到印度的植物更好地适应新环境。这些由植物学家和博物学家们主导的工作不但给英国东印度公司带来眼前的经济利益，更对欧洲对东方的认知和博物学研究有着长远的意义。

帕特里克·拉塞尔 （Patrick Russell）

帕特里克·拉塞尔是一个狂热的两栖爬行动物学者，曾在爱丁堡大学学医，在到印度以前游历过中东部分地区。拉塞尔受委托绘制了很多他研究的蛇类。他是第一位将印度地区无害的蛇类与毒蛇区分开来的欧洲人，同时也对动物学、植物学的其他分支学科感兴趣。1786 年，拉塞尔建议出版一本关于当地植物的书籍，便于公司官员使用，该项目得到了约瑟夫·班克斯爵士的全力支持。

拉塞尔的好友，德国的约翰·凯尼格是林奈的学生，1778 年起受雇于东印度公司，是第一批受雇于东印度公司的博物学家之一。在此之前，他曾独自前往印度旅行，担任印度贵族、阿尔果德行政长官的博物学家。

162

本页图 / 自 17 世纪起，在林奈推出他的基于植物双名制分类体系之前，《马拉巴尔海岸花园》就已经开始展示许多精美的早期植物学画作。这些铜版雕版画都是手工上色，一共有 794 页插图。此书直到 18 世纪晚期还是印度植物群方面的权威著作。

茄属植物
《马拉巴尔海岸花园》
水彩画
1750 年
41.3cm × 28cm

or
Golden-banded Snake
8
"Bungarum. Pama, or Golden banded Snake,
Chicacole North Circ. 1826. Venomous"
Bungarus annularis Schl
9 37/39 26
Colubridae 87a.
Chicacole North Cir.
9 37/39 26

右页图、本页图 / 帕特里克·拉塞尔对博物学非常感兴趣。他收集植物学、动物学的画作，还将蛇皮处理好，裱在纸上，制成如图所示的标本。他在 1795 年为罗克斯伯勒的《科罗曼德尔海岸的植物》一书作序，自己也出版了关于同一区域的鱼类和爬行动物的著作。他的出版物中有关蛇的画作由数位画家创作，其中第二卷全部由亚历山大·拉塞尔绘制。

左页图：金环蛇
Bungarus fasciatus
帕特里克·拉塞尔藏品
（蛇）皮及清漆
约 1790 年
52.5cm × 39cm

本页图（左）：绿瘦蛇
Ahaetulla prasina
帕特里克·拉塞尔
《科罗曼德尔海岸巨蛇记录》
手绘雕版画
1796 年
51.5cm × 36cm

本页图（右）：青环海蛇
Hydrophis cyanocinctus
帕特里克·拉塞尔
《科罗曼德尔海岸巨蛇记录》
手绘雕版画
1796 年
51.5cm × 36cm

威廉·罗克斯伯勒（William Roxburgh）

在帕特里克·拉塞尔离开东印度公司以后，一本介绍印度东部科罗曼德尔植物的书籍出版，此书是在他的苏格兰同胞、博物学家威廉·罗克斯伯勒的监督下完成的。

和拉塞尔一样，罗克斯伯勒也曾在爱丁堡大学学医，并且在爱丁堡植物园内师从约翰·霍普。罗克斯伯勒还继任了拉塞尔在马德拉斯政府的博物学家职位，继而在1793年被委派到加尔各答植物园担任园长。这是公司建造的第一个植物园，1789年开园，坐落于加尔各答城外的锡布尔。

罗克斯伯勒担任园长的时间长达20年，并被后世誉为"印度植物学之父"。在他的管理下，植物园发展成为顶尖的科研机构，承接了各类植物的实验，并且系统地记录了印度的植物群。而当位于好望角的植物园建成以后，在印度与南非之间常规的植物交易得以实现。与此同时，罗克斯伯勒还将许多植物学标本绘制记录下来。他雇用了一批曾接受过莫卧儿艺术[1]训练的印度画师，绘制那些种植在植物园里的植物以及植物采集考察队带回来的标本。印度和中国的画师都有着悠久的描绘动植物的传统，因此公司官员并没有将欧洲人招募到当地，而是雇用了当地画师，这一方式一直沿用至公司倒闭。

对画师工作的监督、管理形式各异，但大体上还是指示他们依循西式风格描绘植物。这样做的目的是为了创作出具备科学性的植物学画作：图像中通常将植物生殖器官放大描绘，以便鉴定。罗克斯伯勒委任自己的儿子约翰作为加尔各答植物园的首席画师，来监督这些印度的画师。

随着印度博物学的不断发展，这门科学也得到了东印度公司和政府更多的支持与赞助。同时，自然科学日渐成为促进与提升大英帝国形象的关键因素，二者相互促进。植物学、地理学勘测，以及农作物、经济作物的知识，都能给那些受托对领地进行政治管理的人提供有用的信息。

肖异木患
Allophylus racemosus
威廉·罗克斯伯勒藏品
水彩画
约1805年
46cm × 30.8cm

[1] 莫卧儿细密画是印度莫卧儿王朝时代的绘画艺术。最初是对波密细密画的移植与模仿，后来融合了印度本土传统绘画以及西方写实艺术的元素，形成了一种用色大胆、具有强烈装饰性，同时又细腻写实的独特绘画风格。——编者注

N.º 2.

Allophyllus racemosus.

g f e

a c b d a

c h b

本页图 / 威廉·罗克斯伯勒被视为印度植物学史上最重要的人物之一。19 世纪早期，他对于植物的文字描述以及对于印度画师们绘制植物过程的监督指导是印度及东南亚此后 50 年植物分类学全部研究的基础。在他的指导下共有 2500 多幅水彩画作品被绘制出来，包括上页图中的异木患属植物和本图中疑似印度红木属植物，组成了五花八门的印度画集。

印度红木
Soymida febrifuga
《印度画集》
水彩画
约 19 世纪
41cm × 49.8cm

INDIAN DRAWINGS
FORMERLY THE PROPERTY OF
DR. JOHN FLEMING
Purchased 1882
Sundhi-Hala H.
Racta Sandhuca. Sansc
B.M. (N.H.)

本页图 / 约翰 · 弗莱明是东印度公司的一位外科医生，加尔各答植物园园长基德上校于 1793 年 5 月去世之后，弗莱明被指派为代理园长，直到同年 11 月威廉·罗克斯伯勒正式接任园长之职。罗克斯伯勒将许多水彩画作品进行翻印并展示给他的朋友们，其中一位就是约翰 · 弗莱明。弗莱明最终收集了 1000 余幅植物画作，包括这幅大麻槿作品。

大麻槿
Hibiscus cannabinus
约翰 · 弗莱明藏品
水彩画
约 1795—1805 年
45.7cm × 31.2cm

左页图 / 这幅夜晚开花的印度红睡莲的精美画作也是一幅弗莱明的收藏。这种莲属植物的根有经济价值，种子可食用。此幅画作也被收录在罗克斯伯勒的《科罗曼德尔海岸的植物》中。

红花睡莲
Nymphaea rubra
约翰 · 弗莱明藏品
水彩画
约 1795—1805 年
47cm × 30.1cm

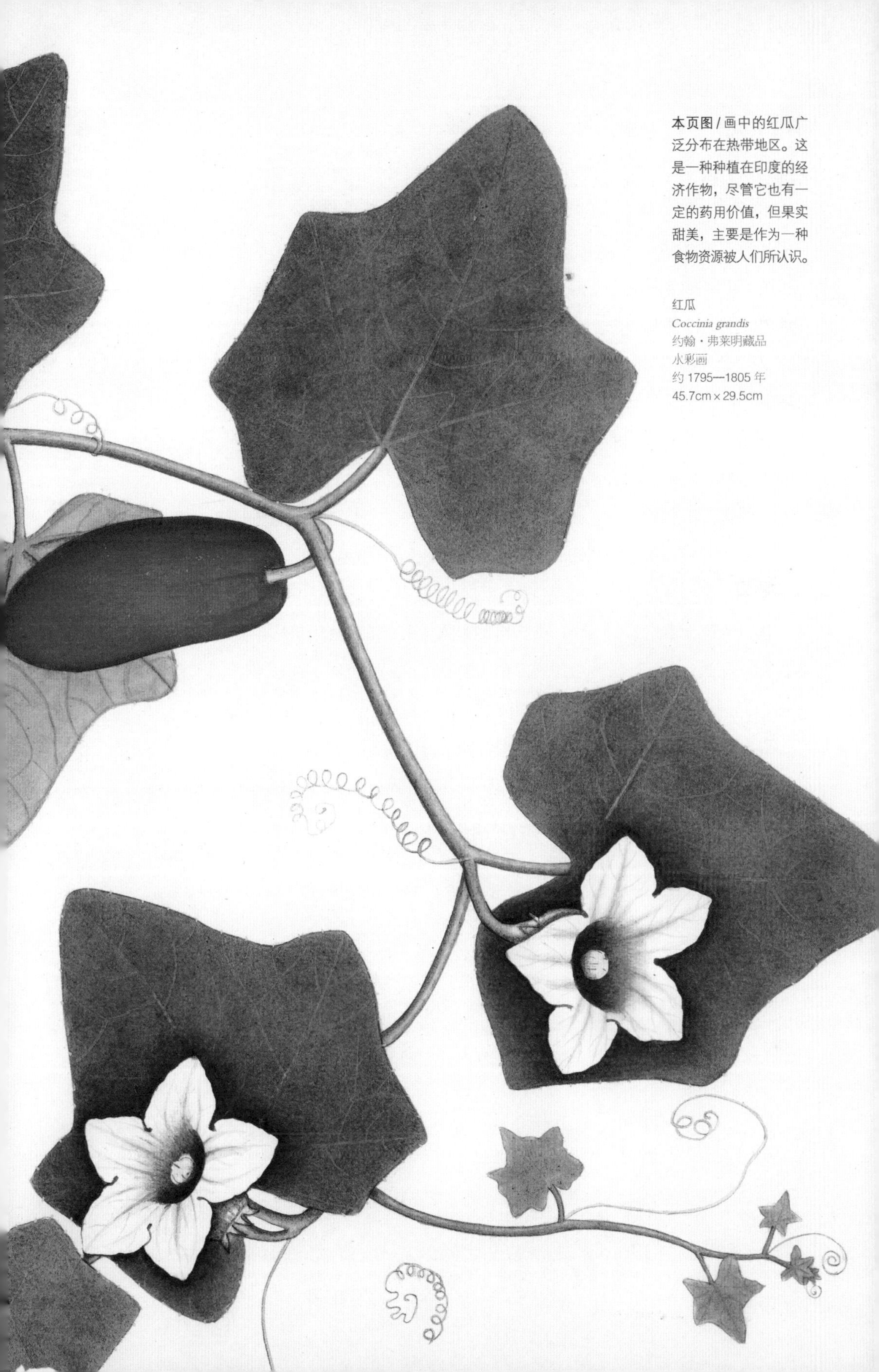

本页图 / 画中的红瓜广泛分布在热带地区。这是一种种植在印度的经济作物，尽管它也有一定的药用价值，但果实甜美，主要是作为一种食物资源被人们所认识。

红瓜
Coccinia grandis
约翰·弗莱明藏品
水彩画
约 1795—1805 年
45.7cm × 29.5cm

纳撒尼尔·沃利克 （Nathaniel Wallich）

1817 年，纳撒尼尔·沃利克接任加尔各答植物园的负责人。他生于哥本哈根，在 1806 年成为一名合格的军医之后，不久便进入在孟加拉塞兰坡的丹麦殖民地。两年后，当时正与丹麦交战的英国人攻占了塞兰坡，沃利克因而成为战俘。幸运的是，作为一位知识渊博的植物学家，他已名声在外。威廉·罗克斯伯勒为了沃利克的获释而奔走游说，并将沃利克安排到加尔各答植物园担任自己的助手。

沃利克后来担任植物园园长一职长达 30 年之久，但离开时却备受质疑：他和才华横溢的青年植物学家威廉·格里菲思之间曾发生过经年不息的惨烈、尖锐的交锋。抛开他们的争端不论，他们也曾一起取得过一些成果，如在一次寻找植物的考察活动中，他们在阿萨姆地区发现了一种茶树。

沃利克继续着之前的工作，委托当地的画师来对他们探险旅程中发现的植物作画。当第一批平版印刷的出版物被引进到印度时，他还给印度画师们讲授关于铜版雕刻以及平版印刷的相关知识。[1]

此外，公司在印度还有其他 3 个植物园，分别位于公司不同的领域范围内，它们同样出版了大量的植物学画集。其中最著名的是约翰·福布斯·罗伊尔监督出版的作品，他在 1823 年担任萨哈伦坡植物园园长。

右页图 / 纳撒尼尔·沃利克继续着他的前辈威廉·罗克斯伯勒开始的实践，通过雇用本地画师描绘了这株植物。沃利克还首度将植物园对游览者开放，使人们能在花圃中穿行并在草地上野餐。

西南猫尾木
Markhamia stipulata
纳撒尼尔·沃利克藏品
水彩画
约 1830 年
48cm × 33.6cm

[1] 雷·德斯蒙德，《关于印度植物群的欧洲式探索》，1992 年，第 151 页。

托马斯·哈德威克 （Thomas Hardwicke）
《印度动物学图集》（*Illustration of Indian Zoology*）

随着公司在印度建起一个个植物园，植物学受到了前所未有的重视。但与此同时，也有一部分受雇于公司的画师还是对动物学更感兴趣。其中一位名叫托马斯·哈德威克。

1778年，22岁的哈德威克加入公司服兵役。1819年，他晋升少将军衔，并于1820年起担任炮兵部队的司令官，直至1823年退休。哈德威克在印度及周边地区活动期间，收集了大量精美的博物学标本藏品，退休后回到伦敦仍旧继续着收藏事业。他遗赠给大英博物馆的物品中包括他的书籍、超过59卷的画作，各类四足动物、兽皮和存放于酒精中的标本，一箱箱的矿石、岩石、化石以及贝壳。他藏品中最多的部分则是他从世界各地搜集来的鸟类，它们组成了他位于兰贝思家中的“私人博物馆”一角。

哈德威克于1835年辞世之前出版了两卷《印度动物学图集》，包括了他的艺术藏品中的202幅彩色插图。和大部分在公司任职并创作画作藏品的人一样，哈德威克本人并不是画家。他的作品集只是整理了他所委任的整个艺术团队的绘画作品，还有些则是与他有利益关系的人在亚洲各地旅行或驻扎时收集到并寄送给他的画作。

竖琴螺
Buccinum Harpa
托马斯·哈德威克藏品
[J. 海斯]
《印度的软体动物与（无脊椎）辐射动物》
水彩画
约1820年
26.5cm × 22cm

哈德威克对博物学抱有极大的热情，当时的大英博物馆动物学负责人约翰·爱德华·格雷竟然声称：因为这份激情，哈德威克的女婿曾威胁要将哈德威克幽禁。然而，哈德威克似乎与他的两个女婿都保持着良好的关系，他们均是哈德威克遗嘱的主要受益人，因此格雷这个故事的准确性似乎无法得到证实。哈德威克终生未婚，这两个女婿分别是他5个私生子女中幸存的两个女儿的丈夫。

本页图 / 托马斯·哈德威克收藏的大量节肢动物画作都因精致美丽与细节精准并存而闻名于世。该系列的很多画作（包括这幅狼蛛图）都是由署名为 J. 海斯的画家绘制的。

蜘蛛
托马斯·哈德威克藏品
[J. 海斯]
水彩画
约 1820 年
27.2cm × 20.3cm

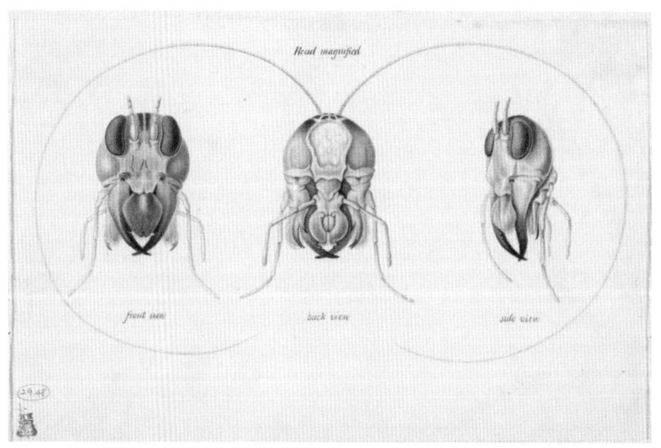
Head magnified
front view
back view
side view

120

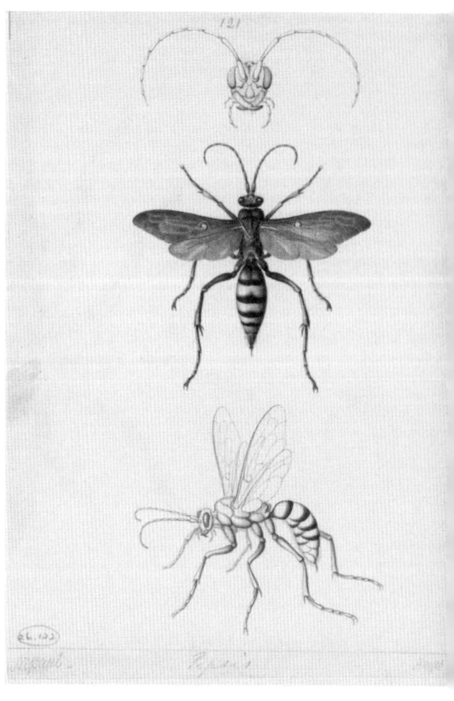
121

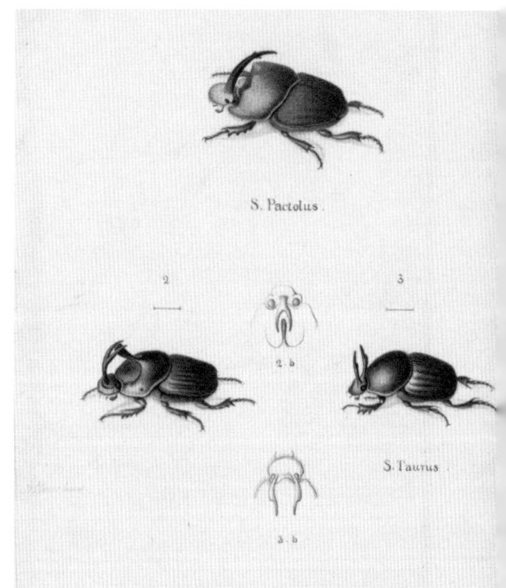
S. Pactolus.
2
3
2. b
S. Taurus.
3. b

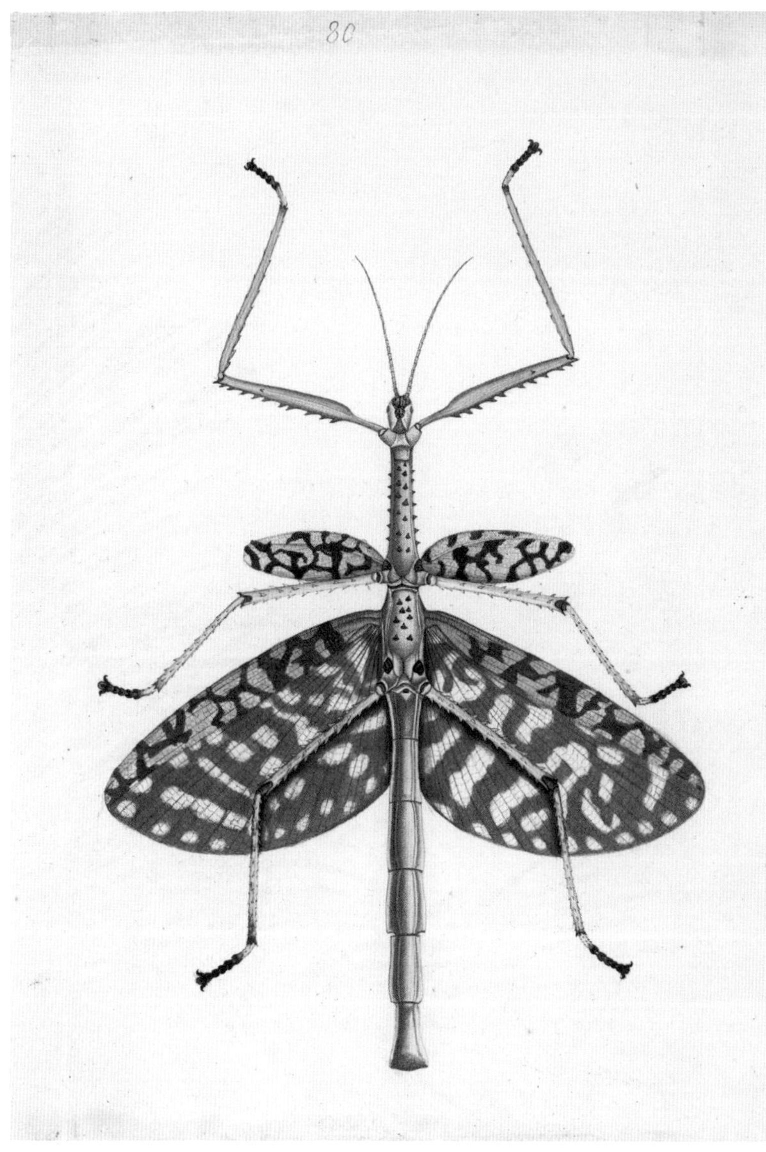

左页图 / 托马斯·哈德威克雇用了一大批画家，既有专业的也有业余的，来为印度的动物群绘画。大部分印度画家的名字我们都无从知晓，但包括图中这些昆虫画在内的一些画作有"JH"或者"J. 海斯"的署名。我们对海斯知之甚少，仅知道他在 1815—1820 年在孟加拉及加尔各答植物园工作。此外，从姓名来看他应该是一位在印度工作的欧洲人。

从左上方顺时针：

蟋蟀头部
托马斯·哈德威克藏品
[J. 海斯]
《孟加拉及印度的昆虫画集》
水彩、墨水画
约 1820 年
18.2cm × 27.6cm

某种蜂
《印度有颚亚门昆虫画集》
水彩、墨水画
1821 年
26.4cm × 19.4cm

粪金龟
《印度有颚亚门昆虫画集》
水彩、墨水画
1822 年
25cm × 20.2cm

某种蜂
《印度有颚亚门昆虫画集》
水彩、墨水画
1821 年
22.5cm × 17.8cm

本页图 / 托马斯·哈德威克的绘画藏品与他的标本收藏数量一样多，覆盖了脊椎动物学与无脊椎动物学中的所有分支。800 多幅画作涵盖了亚洲各个区域的昆虫，为构造 19 世纪印度次大陆最知名的动物学收藏做出重大贡献。

螳螂
托马斯·哈德威克藏品
水彩画
约 1820 年
33.1cm × 26.7cm

Calcutta Septr. 1823.

Hystrix Cristata
Common Porcupine
1/3d. the Nat: Size

本页图/这幅炫丽的豪猪图是以实物尺寸的三分之一大小绘制的。作品是由本杰明·沃特豪斯·霍金斯为约翰·爱德华·格雷出版于1830—1834年的《印度动物学图谱》一书挑选并翻印的。霍金斯的平版印刷成品并没能体现出水彩画原作中鲜艳、浓烈的色彩。

冠豪猪
Hystrix cristata
托马斯·哈德威克藏品
水彩画
1823年
27cm × 42.5cm

本页图 / 大多数动物学画作都是根据冷冰冰的标本绘制的，但也有一部分是面对活生生的动物创作出来的，比如图中这只变色龙（学名避役）就是根据加尔各答植物园中的变色龙绘制的。“在园中发现它时，它正在以自己可以千变万化的身体颜色中的一种示人。”

印度避役
Chamaeleo zeylanicus
托马斯·哈德威克藏品
水彩画
1819 年
23.7cm × 41.4cm

右页图 / 萨哈伦坡植物园在印度北部，是东印度公司 4 个植物园之一。几位植物园园长都雇用了画家来描绘从各个探险之旅带回到植物园里的植物，尤其是喜马拉雅山脉的植物。这幅西番莲属植物图就是这批画作中的代表，大部分其他的植物都产自印度，但这种植物原产自巴西，从欧洲引入植物园。

血花西番莲
Passiflora kermesina
萨哈伦坡植物园藏品
水彩画
约 1850 年
46.3cm × 30.4cm

布赖恩·霍顿·霍奇森（Brian Houghton Hodgson）

另外一位同样热衷于标本收藏的狂热动物学家是布赖恩·霍顿·霍奇森，他年仅 15 岁时便前往黑利伯瑞学院受训，以期将来能在公司担任公职人员。在学院学习两年之后，他便前往加尔各答，在威廉堡求学于政治经济学家托马斯·马尔萨斯门下，完成自己的学业。由于体弱多病，他驻扎在尼泊尔，在那里度过了自己人生的大部分时光，荣升为驻加德满都公使后，于 1844 年退休回到英国。

霍奇森是个出色的语言学家，精通孟加拉语、波斯语、印地语、尼泊尔语和尼瓦尔语。他对佛学经文以及博物学各个方面怀有浓厚的兴趣，尤其擅长鸟类学。他撰写了大量的动物学论文，并颇具权威性地描述了 150 多种鸟类。霍奇森对于鸟类的兴趣既包括收藏画作，也包括收藏标本。在给姐妹范妮的信中，他曾提到自己“长期雇用三个当地的画家为自然界绘制作品”[1]。他还在私人动物园里饲养了一只老虎、四只熊和三只麝香猫。他收藏了数以千计的画作以及各类动物学标本。

霍奇森于 1845 年以个人身份重返印度，在当时英属印度与锡金边界处的大吉岭落脚。在那里，他将全部的时间和精力投入喜马拉雅山脉地区的动物学研究中，并通过语言分析研究印度北部地区的人种差异。他反对将英语作为印度教育及行政管理的第一语言，提倡保护本地语言。

霍奇森在尼泊尔逗留期间，被自己身处的群体日渐同化。他开始穿着尼泊尔服饰，戒酒戒肉。当年，欧洲妇女还不被允许进入尼泊尔境内，而霍奇森至少有两个甚至三个孩子，他们的母亲梅哈伦妮莎·贝甘姆是尼泊尔当地女子就不足为奇了。1858 年霍奇森终于离开印度，回到英国定居，并生活了 34 年。

右页图/布赖恩·霍顿·霍奇森处在尼泊尔和西藏动物群研究的最前沿，出版了多篇关于动物学研究对象的论文，还发现并描述了 22 种新的哺乳动物和 80 种鸟类。他同样也研究了昆虫、爬行动物和鱼类。

独角犀
Rhinoceros unicornis
布赖恩·霍顿·霍奇森藏品
铅笔、水彩画
约 1850 年
28.4cm × 47cm

右页图/图中这种喜马拉雅塔尔羊遍及喜马拉雅山脉地区，从印度北部到西藏都有其踪迹，它们也格外适应在恶劣的山区生活。这幅画作描绘了塔尔羊一家，公羊有着标志性高贵的颈毛，而那只小羊在 2 岁之前都得一直跟随着母羊。

喜马拉雅塔尔羊
Hemitragus jemlahicus
布赖恩·霍顿·霍奇森藏品
水彩画
约 19 世纪 50 年代
28.4cm × 47cm

[1] 安·达塔和卡罗尔·英斯基普，动物学使我更欢乐，《喜马拉雅山脉研究起源》，2004 年，第 137 页。

Rhinoceros unicornis. 9 years old. mas.
1/5 nat size. Hab. The Saul forest

Capra Quadrimammis nob. mas. fem. jun
The Jharal or Serow or Hemalayan Wild Goat.
Extra Sheet XLVIII

狐蝠

Pteropus sp.

徘鼠耳蝠

Myotis formosus

喜马拉雅鼠耳蝠

Myotis muricola

布赖恩·霍顿·霍奇森藏品

水彩画

约 19 世纪 50 年代

28.5cm × 49cm

左页图 / 在霍奇森许多蝙蝠画作的文字注释中，不仅提到了蝙蝠的体型尺寸，还提到了体重。包括查尔斯·达尔文和约瑟夫·多尔顿·胡克爵士在内的许多博物学家都对霍奇森极为敬重，胡克还用霍奇森的名字为一种杜鹃花属植物命名。

星鸦

Nucifraga caryocatactes

布赖恩·霍顿·霍奇森藏品

水彩、铅笔画

约 19 世纪 50 年代

29cm × 47cm

本页图 / 霍奇森拥有最大规模的印度鸟类标本收藏，从喜马拉雅山脉和尼泊尔等地收集而来。其中一些是他亲自采集的，但也有一部分来自尼泊尔的捕兽人。除了给出科学描述之外，霍奇森还在画作中体现了物种的习性和生存环境等细节。

红胸角雉

Tragopan satyra

拉奇曼・辛格

水彩、水粉画

约 19 世纪 50 年代

25.5cm × 35.8cm

本页图、右页图/受雇于欧洲人的印度画师中,只有极少数几位我们能查到姓名。这其中又以拉奇曼·辛格最有名气,他曾为布赖恩・霍顿・霍奇森等几位欧洲人工作过。拉奇曼创作了许多喜马拉雅山脉与尼泊尔地区鸟类及哺乳动物的水彩画,这两幅就是其中的代表作。

白马鸡
Crossoptilon crossoptilon
拉奇曼・辛格
水彩、水粉画
约 19 世纪 50 年代
29cm x 35.2cm

约瑟夫·多尔顿·胡克 （Joseph Dalton Hooker）

《喜马拉雅山脉日记》（*Himalayan Journals*）

当霍奇森在大吉岭定居时，接待过一位比他还著名的访客：邱园[1]园长约瑟夫·多尔顿·胡克。他是查尔斯·达尔文的密友，亚历山大·冯·洪堡的通讯员，也是植物学家威廉·胡克爵士的儿子。

从幼时起，胡克就常去旁听父亲的讲座，并萌发出对植物学强烈的兴趣。同时，他深深着迷于库克船长的探索发现之旅以及达尔文的"小猎犬号"旅行。和这些前辈一样，他也梦想着有朝一日能加入科学的考察队伍，去探索地球的未知角落。从格拉斯哥大学毕业、获得医学学位不久，他便加入海军医疗服务部门，跟随詹姆斯·克拉克·罗斯的"幽冥号"前往南极洲考察，其间还经过南美洲、南非、澳大利亚和新西兰。这些旅行中的工作成果为他赢得了同僚们的称赞，1847 年他得以入选英国皇家学会。同年，他获得了英国财政部提供的为期两年、年薪 400 英镑的薪金，成为为邱园采集喜马拉雅山脉地区植物的第一个欧洲人。

胡克最终在喜马拉雅地区待了三年，英国政府也为他这额外一年的工作支付了 300 英镑。胡克接受了霍奇森的邀请，与他一起待在大吉岭，于 1848 年抵达他的山中驻地之后，胡克便以此为基地，开展了之后两年的考察活动。从霍奇森的住所出发，胡克深入尼泊尔和锡金进行考察活动，甚至穿过尼泊尔和锡金进入西藏地区——这一冒险举动触怒了锡金的王侯，他们立即将他逮捕。直到英国军方发出威胁、进行干涉，胡克才被释放。

胡克对当地壮观的植物群赞叹不已，尤其被那些盛开的杜鹃花深深打动，并以此创作了一本精美的彩色插图书籍。该书的出版使得杜鹃花供不应求，迅速成为维多利亚式花园中最流行的装饰。胡克的《喜马拉雅山脉日记》中的画作出自他本人之手，而那些杜鹃花的彩绘画作则是苏格兰画家沃尔特·胡德·菲奇在胡克的草图基础上手绘上色完成的。胡克继承了他父亲邱园园长的职位，他被认为是当时最杰出的植物学家之一。

右页图 / 这是胡克在他的印度北部之旅中创作的几幅素描之一。

海拔约 3962 米的雪床
约瑟夫·多尔顿·胡克
《喜马拉雅山脉日记》
平版印刷
1854 年
18.3cm × 11.7cm

[1] 英国皇家植物园邱园坐落于伦敦南部，始建于 1759 年，为世界知名植物园。——编者注

SNOW BEDS AT 13,000 FT. IN THE TH'LONOK VALLEY, WITH RHODODENDRONS
KINCHINJUNGA IN THE DISTANCE.

玛格丽特·方丹 （Margaret Fountaine）
奥利维娅·汤奇 （Olivia Tonge）

尽管受东印度公司雇用而作画的印度画师们创作了大部分的博物学画作，但还有一部分旅行家、探险家及暂时定居印度的人也为博物学及绘画作品做出了一定的贡献，他们虽然人数不多但意义重大。这些画家中就包括许多技艺娴熟的女制图员，她们对当地的博物学有着出色的理解和认识。玛格丽特·方丹出生于英国诺威奇，在探索非洲部分地区、中东地区以及中美洲多年之后，于1912年来到印度。她热衷于研究蝴蝶，

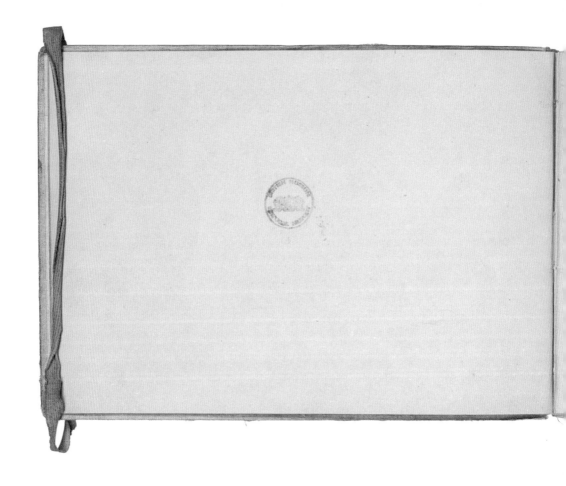

一生收集了超过 22000 枚蝴蝶标本，同时也绘制了一系列美丽的不同种类的蝴蝶在不同生命周期的速写作品。

另一位英国女画家奥利维娅·汤奇曾花 5 年时间游历印度。在 50 岁那年，她踏上探险之旅，去研究和描绘旅途上遇到的异域动物。她在当地探险期间还收养了一些宠物，其中包括一条名为“丘比特”的小鳄鱼和一只“丛林中的小刺猬”。这些女性博物学画家往往被视作异类而被众人排斥，其实她们对于自然界的认识程度与众多在科学界享有盛誉的男性并无差别，而那些男人则个个被认为是重要的学者。

rrying their
ng, blind, but clinging.

本页图 / 奥利维娅·汤奇从年少时起就是一位颇有才华的水彩画画家，擅长绘画花卉、鸟类与爬行动物。丈夫死后，汤奇与女儿一起前往印度旅行。在那里，她创作了许多缤纷绮丽的动植物画作，并在一旁点缀了一些手工制品，如印度首饰、家居用品或乐器，它们组成了 16 本美丽的速写簿。

棕榈松鼠
Funambulus sp.
奥利维娅·汤奇
水彩画
约 1912 年
18cm × 25.8cm

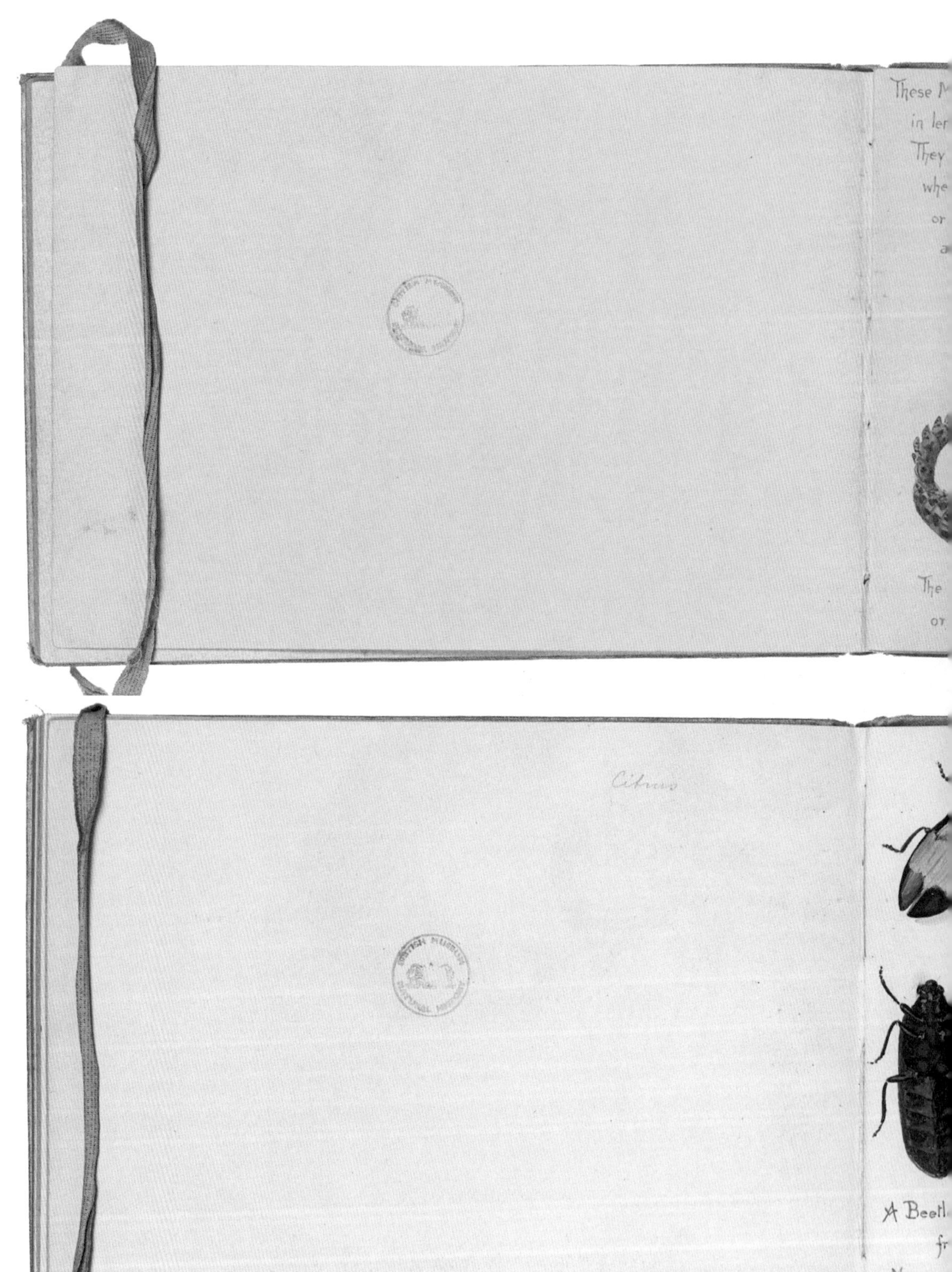

m 10 to 15 feet
ain 30 feet.
doos, and
a Shrine
ame.
Mugger Pir. Karachi.
Elephant Grass.

A fine ripe Pomelo,
peeled and cut
ornamentally for
Table by a clever
Khansamah.
They
are very
fond of
making
the dining
table
pretty.

恒河鳄
Crocodylus palnotris
奥利维娅・汤奇
水彩画
约 1912 年
18cm × 25.8cm

柚
奥利维娅・汤奇
水彩画
约 1912 年
18cm × 25.8cm

商业与帝国之中国篇

Trade and Empire ~ China

闭关锁国下的经贸往来

从 18 世纪开始，英国东印度公司就与中国开始了商贸往来。当时，欧洲人在印度大受欢迎，欧洲与印度的关系逐渐增强，而欧洲商人在中国仍然处于被隔离且不被信任的处境。从 1757 年起，清朝政府限定中国与欧洲的商贸往来仅限于广州港,时间期限为每年 10 月至次年 3 月。而到了夏季，欧洲人则被迫离开港口,往往在澳门滞留。商贸活动只能经由一种叫作“商行”的官方商业组织进行，这些由家族运营的商行经中国政府特许开办。所有欧洲商人都得把自己所需物品清单提交到商行进行申请。

几个世纪以来，欧洲人对中国的认知仅仅停留在进口的丝绸、茶叶及香料上。17 世纪中期至晚期，诸如中国古典家具、纺织品、瓷器这样的手工制品开始被大量引入欧洲。到 18 世纪中期时，欧洲的工匠们已经开始仿制中国的装饰风格和纹饰，中国的植物也开始出现在英国的花园里。尽管如此，欧洲人对于中国的博物学状况还是知之甚少，博物学家们几乎没有任何深入中国内地考察的门路。英国人先后派遣了两批使团前往中国，试图建立贸易及外交关系，第一批由马戛尔尼勋爵于 1793 年率领，第二批则是在 1816 年由阿默斯特伯爵带领。约瑟夫·班克斯均在两批使团中指派了园艺师，吩咐他们去搜寻各种“有用、奇妙或美丽”的植物。不过，商贸谈判和植物采集工作最终都无功而返。

直到 1833 年之前，东印度公司都垄断着英国在广州港的商贸活动：用

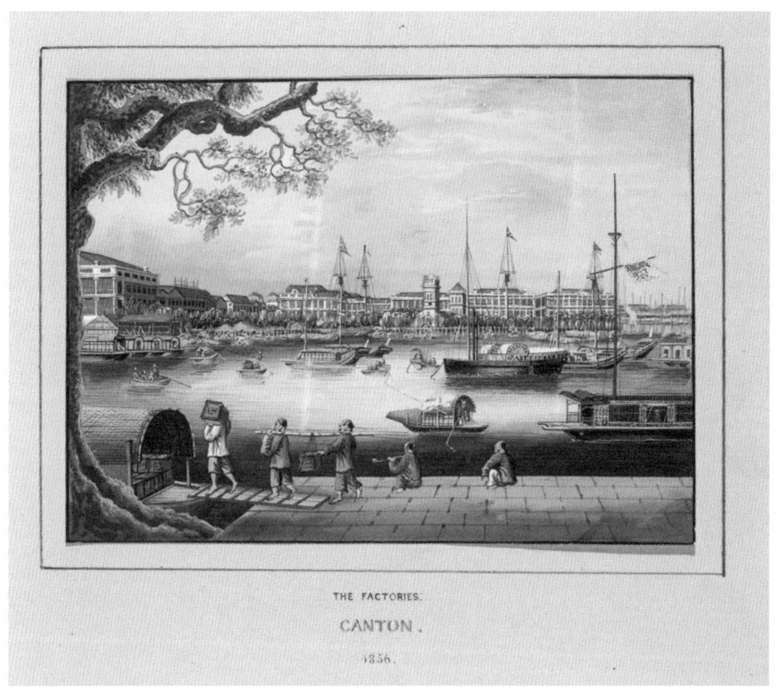

本页图 / 这幅广州港的画作选自一位当地画家的植物学作品集，是在19世纪50年代受亨利·弗莱彻·韩士委托创作的。韩士是位英国的外交官，于1844年派驻香港，又在1861年派往黄埔（广州黄埔区），随后于1878年调往广州港。他对博物学有着浓厚的兴趣，尤其在植物学方面。韩士与查尔斯·达尔文有通信往来，并给达尔文寄送标本。这幅画作描绘了广州港一家典型的工厂，与19世纪初约翰·里夫斯任茶叶检验员的东印度公司的一个工厂很相似。

广州港
亨利·弗莱彻·韩士
水彩、水粉画
约1853年
12.5cm × 17.5cm

产自印度的香料、象牙和其他物品换取中国的茶叶与丝绸。然而东印度公司出售的商品很少得到中国人的青睐，因此英国人经常不得不出于无奈用白银来购买中国商品。欧洲商人在广州苦不堪言，他们仅仅被允许在港口里面、工厂周边的区域活动——所谓“工厂”，无非就是为这些外国商人沿河而建的几间仓库罢了。任何欧洲人都不允许进入广州城内。在商贸季节，广州港是个喧闹、繁华的地方，来自世界各地的商人和中国各地的生意人汇聚一堂。市集里能买得到五花八门的东西，其中也有一些动植物。鸟类及各种动物的活体、皮毛、贝壳、矿石、植物及种子，都在国际市场上交易。用来交易的植物产自中国各地，不过绝不仅仅是为了将其输出到欧洲的花园里，因为中国拥有流传已久的栽植及园艺传统，中国人自己也有需求。

东印度公司派驻广州工作的年轻人里面，就有一些人对博物学有着强烈的兴趣。这些业余的博物学家利用与当地中国人的商业交往来换取标本和博物学知识。这种交易尽管需要接受管控，但涉及各色人等，不仅有商人和官员，也包括他们的佣人、园丁、工匠及翻译员。这种与广州当地的中国渔夫、农场主、农民甚至僧侣不时发生的交易，每一桩都为中国博物学信息传入欧洲做出了一定贡献。19 世纪早期,广州名为“花地”的植物苗圃在欧洲园艺界很有名气。当时，很多中国的植物就是通过这类苗圃被引进欧洲，因此这些被引进的植物都不像是在原产地自然长成，而是更像经过栽培选育的品种。随着时间的推移，欧洲科学家、博物学家乃至普通大众对中国植物和动物的需求量与日俱增，对于中国园艺知识也是兴趣正浓。商行的商人往往在自己秀美的花园里种植一些在苗圃里看不到的奇花异草。他们会定期在花园中招待那些外国商人或西方的游客，客人们被花园的美景深深吸引，有时也会收到一株梦寐以求的花草作为礼物。

约翰·里夫斯 （John Reeves）

在所有曾在东印度公司任职并积极促进欧洲人深入了解中国博物学知识的人中间，出生在英国的约翰·里夫斯也许是最有名的一位。1812 年，里夫斯以广州工厂助理茶叶检验员的身份抵达广州。当第一次踏足广州时，里夫斯在短期内结交了一些对自然科学感兴趣的中西方朋友。他造访了花地苗圃、市集、商行以及形形色色可能有物品交易或交换的人们。他还和定居在澳门的西方人交起了朋友，其中有些人拥有东方花园、动物园和鸟舍。正是由于建立了如此广泛的人脉关系，里夫斯为自己打造了一条标本的供应链，得以将这些标本源源不断地发送回英国。他在广州与澳门陆陆续续生活了 19 年，向英国运送了数以千计的植物标本，遗憾的是其中大部分都在途中死去。

里夫斯没有接受过正规的科学教育，在动植物分类法、动物解剖学等学科方面掌握的知识也近乎为零。尽管如此，他却是伦敦动物学与园艺学学会的会员，在1817年还被选为英国皇家学会及林奈学会的会员，因为终其一生，不断有科学家向他咨询有关中国动植物的事情。里夫斯委托他人绘制和自己收集的大量博物学画作，成为他给博物学界带来的最重大、最长远的影响。

在里夫斯来到广州之前，一条繁荣的、专供西方市场的手工艺品生产线就已经建立完备。许多作坊雇用着艺术及工匠世家。着手收集博物学画作以后，里夫斯不费吹灰之力就能找到称心如意的画师。尽管技艺娴熟、能力非凡的画家比比皆是，但中国绘画大多不具有科学严谨的特点，里夫斯指导画师们工作，为他们提供植物学和动物学插图的细节描绘规范培训。以往为欧洲市场绘制的作品往往是装饰用的，在风景优美的背景里用写意的笔法描绘动植物群；而里夫斯要求创作的画作几乎没有任何背景，只是在一张白纸上孤零零地展示一个标本。植物科学画中一般都有局部放大图，如花卉的特写，但大部分动物画作基本没有细节的解剖图。

不明种属的蛙类
里夫斯动物学藏品
水彩画
约19世纪20年代
35.4cm × 44.4cm

里夫斯将画作发送给英国各类赞助人、园艺学团体或植物园。其中他的一位主要的联络员和支持者是约瑟夫·班克斯爵士。班克斯深知这些植物样本很难在远航中存活下来，因此对其中关于植物的画作倍感兴趣。这些画作描绘了各类植物、果实和栽培的花卉，在英国大受欢迎。还有一些昆虫、爬行动物、两栖动物、鸟类及哺乳动物的画作，这些动物有些并不是中国或者亚洲土生土长的，它们通过广州与澳门大街小巷的集市“流入”画册。

约翰·里夫斯虽不是唯一一位雇用中国画师描绘当地动植物群的西方人，但绝对是最高产的一位，同时在英国同行间也享有最高声誉。1827年，里夫斯的儿子约翰·拉塞尔也投身进来，这位和他父亲一样热情的收藏家，对有关博物学的各类事物均表现出极大兴趣。1831年，里夫斯永远地离开了中国，他的儿子继承了他的事业，以博物学家的身份为自己祖国的科学家及科研机构做着贡献。

左页图、本页图 / 到 19 世纪早期时，随着中国商贸往来的增加，中国画出口也成为一个日益增长的重要产业。专供出口的传统画作都有着独特的艺术风格：运用明亮色彩、强烈的轮廓线条，创造出一种平面的视觉效果。不过此类画作被认为（在科学性细节方面）不够准确。创作这些画作及一些装饰性很强的手工艺品的工厂和作坊，通常是代代相传的家族产业，晚辈们被送到他们的长辈师傅们那儿当学徒，学习手艺数年之久。约翰·里夫斯接触的正是这些画家，请他们来绘制他的动植物画作。

本页图：蜂猴
Nycticebus bengalensis
约翰·里夫斯藏品
水彩画
约 19 世纪 20 年代
54.2cm × 46.5cm

左页图：狮尾猴
Macaca silenus
约翰·里夫斯藏品
水彩画
约 19 世纪 20 年代
46.6cm × 59cm

本页图 / 图中这只领狐猴与其他所有狐猴一样，都源自马达加斯加岛。18 世纪晚期至 19 世纪早期，周游世界各地的船只将许多动植物带到广州港，这就是其中之一。

领狐猴
Varecia variegata
约翰 · 里夫斯藏品
水彩画
约 19 世纪 20 年代
46.5cm × 58.8cm

右页图 / 这幅亚洲豹猫图就是传统中国式绘画与具有动物识别价值的科学性画作相结合的一个精彩范例。

豹猫
Prionailurus bengalensis
约翰 · 里夫斯藏品
水彩画
约 19 世纪 20 年代
59cm × 46cm

山蟹
紅沙馬
花線蟹
馬仔蟹
白蟹
炉蟹

本页图 / 约翰 · 里夫斯
投入近 20 年时间探索中国的博物学，并且以委托等形式收集了数量庞大的一批博物学艺术品。经过他积极的努力，数百幅关于植物、昆虫、鸟类、哺乳动物、软体动物、鱼类及甲壳类动物的画作得以整理入册。

甲壳类动物
约翰 · 里夫斯藏品
水彩画
约 19 世纪 20 年代
38.5cm × 49.4cm

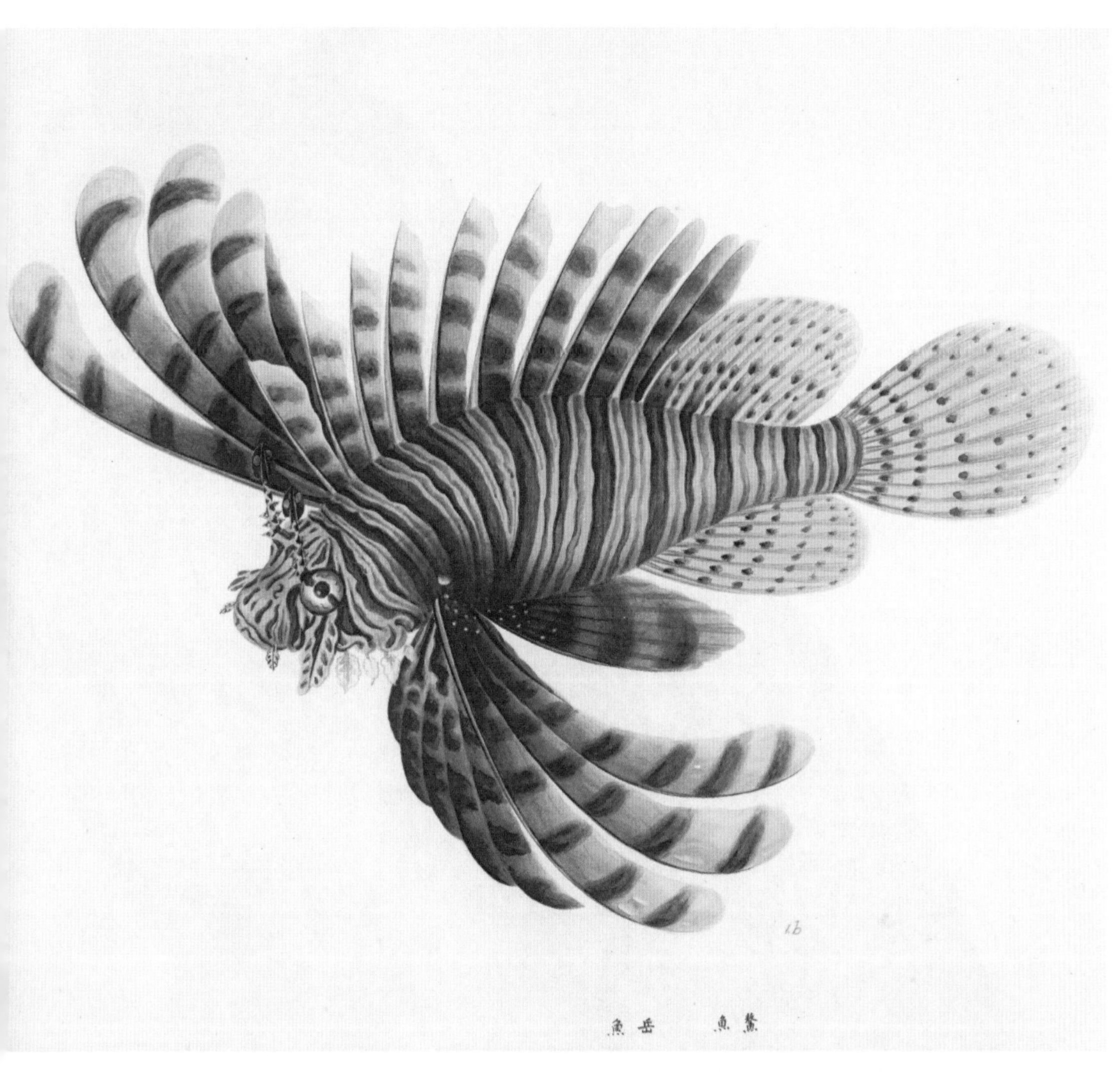

左页图、本页图 / 这两幅画作均未经署名，实际上大部分为欧洲人创作博物画的中国画家都不为人所知。本页图中这条红色狮子鱼（学名翱翔蓑鲉）是一种有毒性的珊瑚礁鱼，毒液就分布在背鳍上分散的长棘刺中。里夫斯的画作对生物分类学研究具有重要的意义，约翰·理查德森爵士通过里夫斯的藏品鉴别了 70 余种全新的鱼类。

左页图：软体动物
约翰·里夫斯藏品
水彩画
约 19 世纪 20 年代
37.8cm × 48.6cm

本页图：翱翔蓑鲉
Pterois volitans
约翰·里夫斯藏品
水彩画
约 19 世纪 20 年代
38cm × 48.5cm

左页图 / 欧亚大陆的雕是一种有着灵动的橙色眼睛及突起的尖角状耳毛的大型鸟类。

雕鸮
Bubo bubo
约翰·里夫斯藏品
水彩画
约 19 世纪 20 年代
58.5cm × 47.8cm

本页图 / 丹顶鹤在中国传统文化中象征着长寿。画家用优雅的轮廓线条，勾勒出丹顶鹤高雅、华贵的风姿。不幸的是，现在这种鸟属于濒临灭绝的鸟类之一。

丹顶鹤
Grus japonensis
约翰·里夫斯藏品
水彩画
约 19 世纪 20 年代
38cm × 48.5cm

本页图：旅人蕉
Ravenala madagascariensis
约翰·里夫斯藏品
水彩画
约 19 世纪 20 年代
49cm × 38.4cm

左页图、本页图 / 里夫斯的植物学画作与那些专门为西方市场绘制的出口画作不同，他的画作通常更为精准，单独描绘植物而无任何背景。约翰·里夫斯给画家们指定植物需要绘制的部位，以便作品能够为欧洲的科学家提供最大的帮助。这种画法自然是中国画师所不熟悉的，他们平时最接近于植物学绘画的工作是绘制园艺画。而园艺画的重点是体现指定标本或各类花卉的外观及色泽，目的是展示本地苗圃内最新种植的植物品种。

左页图：莲
Nelumbo nucifera
约翰·里夫斯藏品
水彩画
约 19 世纪 20 年代
46cm × 37.4cm

福斯特
马森
哈里斯
伯纳茨
贝恩斯
芬奇-戴维斯
塔尔博特
方丹

第四章

CHAPTER FOUR

非洲

AFRICA

从启蒙运动到维多利亚时代的探索

From Enlightenment to Victorian Exploration

从沿岸商贸到内陆探险

早在15世纪，伴随着欧洲奴隶贸易的兴起，欧洲人开始在非洲大陆活动。直到17世纪时，荷兰人、葡萄牙人、法国人和英国人才开始沿着大陆的海岸线建立起真正的商贸驿站。这些商贸公司既做人口买卖，也做矿石、象牙及其他物品的生意，在某些区域，还特地将在新大陆发现的植物与农作物引进当地。英国在非洲的商贸往来直到18世纪末都限制于一些特许的商贸公司，如皇家非洲公司和非洲商业公司。非洲西海岸上建造了一批要塞，作为公司官员的驻地及商船的停靠地。这些公司通过商业掌控，牢牢保持着在当地的控制权，直到19世纪中晚期，在与其他欧洲国家的争夺中，英国才逐渐采取了直接的君权统治。

18世纪时，尽管欧洲人对非洲沿海区域十分熟悉，但对于内陆地区却几乎一无所知。1788年6月9日，一群英国各界的知名人士聚集一堂，旨在“共同发起成立一个协会，推动对地球那四分之一陆地中内陆部分的探险发现”[1]。这个协会就是后来的“非洲联合会”，约瑟夫·班克斯爵士担任财务主管。联合会的主要宗旨就是通过探险来获取非洲内陆的地理信息，而非仅仅是商贸往来。联合会还赞助了数次探险旅程，包括芒戈·帕克的第一次远征——发现尼日尔河航道的探险之旅。非洲联合会开启了探险非洲大陆的新时代，这种探险在19世纪中叶得以繁荣、兴盛。那时候，前往非洲各地的探险队强烈刺激着维多利亚时代[2]的平民大众，激发出他们空前的激情与想象力，同时也捧红了一批国民英雄式的探险家。

[1] 霍默·拉瑟福德，《约瑟夫·班克斯爵士及其1788—1820年非洲之旅》，1952年，第19页。

[2] 1837—1901年维多利亚女王在英国执政期间，英国完成了工业化、现代化以及城市化的进程，实现了经济、政治、文化以及社会各个方面的深刻变革，是英国历史中具有重要地位的一段时期。为了纪念这一系列的历史成就，人们将这段时期称为“维多利亚时代”。——编者注

格奥尔格·福斯特 （Georg Forster）
弗朗西斯·马森 （Francis Masson）

欧洲人在非洲的一大战略重镇无疑就是非洲大陆最南端的开普敦。荷兰东印度公司早在18世纪中期便已抢占了这块区域。1795年英国人从荷兰人手中夺走开普敦，却于1803年失去控制权，又在1806年再度夺回。18、19世纪，当荷兰人与英国人控制着亚欧之间的商贸活动时，开普敦是远洋轮船停歇及修理的重要据点，同时也成为船舶远离陆地、深入南大洋[1]未知领域前的安全港湾。

詹姆斯·库克在1772—1775年指挥“决心号”进行第二次航行时，曾在开普顿停靠。当时船上有德国博物学家约翰·福斯特和他的儿子格奥尔格，他们肩负着“搜集、描述、绘制博物学研究对象”的任务。[2]这次航程中的大部分时间都消耗在远海里，在迂回穿越南大洋期间，格奥尔格·福斯特速写、绘制了燕鸥、海燕、企鹅、信天翁及其他各种海鸟。航行中，登陆的机会很少且间隔时间很久，福斯特必须充分利用好时间来记录下所遇到的各类野生动物。

“决心号”1772年7月离开朴次茅斯（英国港口城市）后，于10月抵达开普敦，队伍在此盘桓三周，并在1775年返航时又逗留了五周。内陆探险被明令禁止，福斯特父子只能遗憾地面对现实：他们几乎没有时间来收集标本。格奥尔格不得不依赖观察东印度公司花园里被关在笼子里的动物，而不是在野外研究动物。

随队的还有一位植物学家，叫弗朗西斯·马森，他受命于邱园前来收集植物与种子，进一步拓展了自己的旅程。船队第一次抵达开普敦时，他就离开大部队，并在非洲南部展开了长达三年的植物学考察、调研工作，收集了许多美丽的异域植物种子带回邱园种植。1786年马森重返开普敦工作，直到1795年才离开。

[1] 指环绕地球南极大陆，无陆界，而以副热带辐合线（一条环南极的海水等温线密集带）构成其北界的独特水域，由太平洋、大西洋和印度洋南部海域构成，占世界大洋总面积的22%。——编者注

[2] 格奥尔格·福斯特，《周游世界之旅》，1777年，第1～2页。

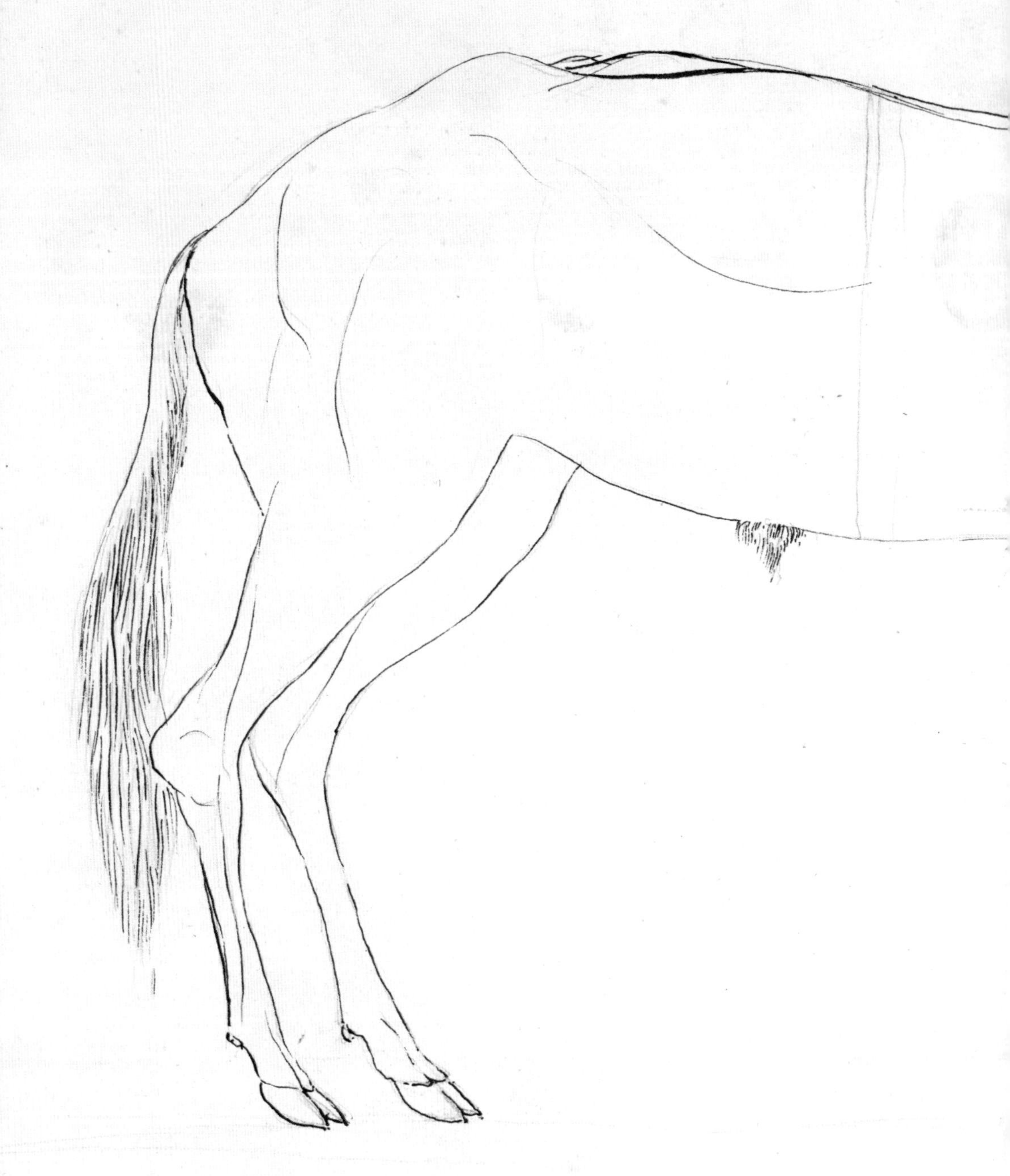

本页图 / 格奥尔格·福斯特被栖居在开普敦种类繁多的野生动物深深吸引，同时对过度的狩猎活动忧心忡忡。遗憾的是，他在开普敦只做短暂停留，无法去往城外进行短途旅行，所以他看到的全都是被囚禁在奥林奇亲王动物园的动物。其中之一就是这种被当地人称为“格奴”（gnoo）的野生公牛，长着细长的牛角，鼻子上方和下颚部位长着长长的鬃毛。这种动物是由格奥尔格的父亲约翰描述记录的。

白尾角马
Connochaetes gnou
格奥尔格·福斯特
墨水、铅笔画
约 1775 年
36.9cm × 53.4cm

Anas assimilis
—— capensis S.N. XIII: 527.

左页图、本页图 / 库克在“决心号”的第二次航行前后历时 3 年，其中大部分时间都在海上漂流，穿越南大洋，“不得已，我们只能通过去一些小岛上绘制作品来自我满足一番，而探索这些岛屿时往往气候恶劣、时间也只有几小时或几天，顶多几个星期”。这 4 幅作品都是在开普敦创作的，作于 1772 年停留的 3 周时，或是 1775 年停留的 5 周时。

左页图：绿翅灰斑鸭
Anas capensis
格奥尔格·福斯特
水彩画
34.5cm × 46.7cm

本页图：灰头情侣鹦鹉
Agapornis canus
格奥尔格·福斯特
水彩画
54.1cm × 36.7cm

跳兔
Pedetes capensis
格奥尔格·福斯特
水彩、铅笔画
54cm × 36.7cm

岬鼠
Georychus capensis
格奥尔格·福斯特
水彩画
36.9cm × 54cm

Ferraria undulata

左页图、本页图 / 开普敦植物园是亚洲植物流转至欧洲、美洲之前的存放处，因此具有极为重要的地位。在开普敦植物园，这些植物得到移植、休养，从而提高了它们的存活率。弗朗西斯·马森常被游客们形容为“皇家植物园的园丁”。他乘坐“决心号”于 1771 年首次到访开普敦，在此居住了三年，并三次前往内陆地区进行探险活动，为东印度公司及邱园收集植物。

左页图：魔星兰
Ferraria crispa
弗朗西斯·马森
水彩画
1775 年
41.1cm × 27.2cm

本页图：旅人蕉
Ravenala madagascariensis
弗朗西斯·马森
水彩画
1789 年
34.8cm × 49cm

威廉·康沃利斯·哈里斯（William Cornwallis Harris）

《非洲南部的狩猎活动》（*The Wild Sports of Southern Africa*）
《埃塞俄比亚高原》（*Highlands of Ethiopia*）

威廉·康沃利斯·哈里斯通过在1839年出版《非洲南部的狩猎活动》一书而成名，书中记录了他在1836—1837年的捕猎探险之旅。他当时是东印度公司工程兵团的成员，1825年随队驻扎在印度。1836年他身体不适，被送到开普敦进行康复疗养。他去往非洲南部内陆地区远征的主要目的是狩猎，正如他在书中开篇所言：“从童年时起，我就被灌输关于疯狂狩猎的种种欢乐，事实证明这确实是让我感到真正快乐的一种疯狂行为。”[1]

从年轻时起，哈里斯就发现自己的思想经常“在非洲的旷野上神游”，他梦想着与那片土地上的动物会面，尤其是“有着细长的天鹅般脖颈的优雅的长颈鹿”和“巨型的大象”。[2]他的旅行故事充满了狩猎所获的种种勋绩，这也为他赢得了“狩猎远征鼻祖”的称号。他的作品也记录了移民先驱们大迁徙早期时的大量信息，他在马里科河谷的莫塞戈地区扎营时，还与马塔贝列部落的酋长莫兹利卡兹见过面。哈里斯是个充满激情的博物学家，也是一位成就颇丰的画家，他的著作对当地的动物进行了图文并茂的描绘。

1833年时，东印度公司失去了对印度的商业垄断地位，不再是该地区的商贸主体。公司被赋予运行印度殖民地政府的职能，并继续承担着为英国组织印度或东南亚以外地区的勘测、科学考察及外派商贸使团等工作。1841年，公司收到来自埃塞俄比亚绍阿王国萨拉·塞勒斯国王的邀请，随即组织了外交使团前往该地区。公司挑选哈里斯来带领这支远征队。

哈里斯率领的英国探险队像是一个外交使团，来到萨拉·塞勒斯国王的皇宫。他此行的目的是缔结一份国际条约，使英国拥有对这片区域及相关商贸路线自由的商业准入权。东印度公司于1839年取得了亚丁港的控制权，而与基督教王国绍阿的协议被视作一种保护英国商贸路线的手段。

右页图/威廉·康沃利斯·哈里斯在开普敦殖民地及周边领地的时间大部分都花在了狩猎探险上。在狩猎动物的同时，哈里斯也会留些时间来描绘沿途所遇到的动物、当地人及各种风景。他于1839年出版的《非洲南部的狩猎活动》中就收录了其中的一部分作品，随后又在1841年出版了更多的插图。

长颈鹿
Giraffa camelopardalis
威廉·康沃利斯·哈里斯
水彩画
约1836年
24.9cm × 17cm

---

[1] 威廉·康沃利斯·哈里斯，《非洲南部的狩猎活动》，1839年，第18页。

[2] 威廉·康沃利斯·哈里斯，《非洲南部的狩猎活动》，1839年，第19页。

3

The Wild Sports of Southern Africa

being the

Narrative of a Hunting Expedition

from

The Cape of Good Hope.

through the territories of the Chief Moselekatse

to the

Tropic of Capricorn.

前往苏格兰高地的旅程是困难和危险的，队伍也经常面临分崩离析的境地。6 月，大使团乘着骆驼从塔朱拉海岸线向绍阿王国的首都安科伯尔出发，总行程约 595.46 千米。可哈里斯没有足够的骆驼，使团的部分人员只好在塔朱拉落脚。当第一批使团成员启程穿过低地时，灾难袭来，三位成员遇害身亡。

尽管遭遇种种挫折，哈里斯还是于 1841 年 11 月 16 日成功地将签署好的萨拉・塞勒斯国王与英国女王之间的协议送至英国当局。大使团在当地又逗留了一年，他们中的一部分人得以观察几次重大的基督教节日和绍阿当地的节日活动，这些内容都在哈里斯以及随队画家伯纳茨和柯克的画作中有所体现。1843 年 2 月，大使团离开绍阿前往印度，哈里斯于第二年出版了《埃塞俄比亚高原》一书，他因为卓越的成就而被女王授予爵士爵位。不幸的是，哈里斯 1848 年在印度期间持续高烧，最终年仅 41 岁的他英年早逝。

约翰・马丁・伯纳茨 （Johann Martin Bernatz）

《圣域奇景》（*Scenes in the Holy Land*）
《埃塞俄比亚风景》（*Scenes of Ethiopia*）

约翰・马丁・伯纳茨在威廉・康沃利斯・哈里斯带领的大使团成员中，是官方指定的画家，而助理外科医生鲁珀特・柯克也为远征队绘制地图和画作。

伯纳茨出生在德国南部的施派尔河地区，1836—1837 年前往黎凡特旅行。当他返回德国后，出版了画册《圣域奇景》，并决定将自己在印度的旅行经历绘制成更瑰丽的作品出版。然而，这项工作要比他预想的难多了，因此，当哈里斯的探险队聘请他作为画家时，他欣然接受了。

伯纳茨为治愈疾病而返航，途中曾在亚丁停留，此间他还去往埃及和巴勒斯坦等地开展探险活动。他最终叶落归根，回到德国，继续自己的绘画生涯和对东方世界的研究。他在绍阿探险旅程中的许多画作都描绘了人种中的族群多样性，有一些是欧洲人对于埃塞俄比亚地区人们日常生活的最早观察记录。1852 年，伯纳茨将部分画作汇集在《埃塞俄比亚风景》中出版，其中也摘录引用了他的旅途游记中的部分内容。

本页图 / “捕猎长颈鹿”。 在第一眼看到一群长颈鹿时，哈里斯说仿佛感到“鲜血在血管里迅疾地奔涌”。他还这样追问道：“在一群长颈鹿身边骑行时，谁的精神不会为之一振呢？”

长颈鹿
Giraffa camelopardalis
威廉・康沃利斯・哈里斯
彩色平版印刷
约 1836 年
14.4cm × 22.5cm

125
these figures of the Zebra are excellent, but
too large a scale and must be reduced
of the figure in the large drawing, which
to be cancelled.

本页图 / 哈里斯认为，在博物学书籍中，像斑马这样的大型四足动物的画作往往不准确。他还解释道，自己像个小男生一样模仿托马斯·比尤伊克描绘动物的木刻版画，并将自己的闲暇时间都用于绘制准确的动物画作上。

山斑马
Equus zebra
威廉·康沃利斯·哈里斯
雕版画校样
约 1838 年
19.8cm × 30.9cm

本页图 / 这幅画作是在跟随英国探险队拜访萨拉·塞勒斯国王途中，约翰·马丁·伯纳茨与助理外科医生鲁珀特·柯克共同创作的典型作品。伯纳茨被“阿比西尼亚（埃塞俄比亚的旧称）南部高原的壮美景色”深深吸引。

南部高原景色
约翰·马丁·伯纳茨与鲁珀特·柯克
水彩、水粉画
约 1841 年
23cm × 29cm

本页图 / 图中描绘的是神职人员带着传统的埃塞俄比亚式十字架进行一年一度的宗教游行。十字架来源于安科伯尔圣米迦勒大教堂，这座教堂由萨拉·塞勒斯国王（1813—1847）于 1825 年建造。马丁·伯纳茨在他的出版物中补充说明：神父携带的阳伞是教堂的标志，用银制成。

圣米迦勒大教堂
约翰·马丁·伯纳茨
水彩、水粉画
1842 年
23cm × 29cm

本页图 / 马丁·伯纳茨形容道，大斋节后整整一周的时间，国王盛情招待、大宴天下，为每个自由的国民提供食物。这是一种同时具备政治意味和宗教意义的仪式。画中描绘的是宫殿大厅内的盛宴活动。

宫殿宴会厅内部
约翰·马丁·伯纳茨
水彩、水粉画
1842 年
23cm × 20cm

本页图 / 伯纳茨的部分画作是基于探险队领头人威廉·康沃利斯·哈里斯的素描作品绘制的。伯纳茨独特的浪漫主义及理想化风格，在他的全部风景画作和描绘人物活动的画作中都有显著的体现。

井中汲水图
约翰·马丁·伯纳茨
水彩画
约 1842 年
23cm × 29cm

Tajura. 1841. Bennett

92

本页图：女性坐像
约翰·马丁·伯纳茨
铅笔画
约 1842 年
15.9cm × 12.2cm

左页图、本页图 / 尽管伯纳茨是大使团的官方画师，但也和部分团员一起被困在塔朱拉近 5 个月之久，直到足够的骆驼和骑师就位后，才将他们带往高原。1842 年 3 月，伯纳茨才最终抵达安科伯尔的绍阿王国。他记录下诸多沿途风景，也创作了许多途中遇见的不同种族的人物肖像画。在这些从旅行日记中摘录的画作和文字描述的基础上，他于 1852 年出版了一卷彩色平版印刷作品。

左页图：男性画像
约翰·马丁·伯纳茨
水彩画
约 1842 年
17.2cm × 12.6cm

托马斯·贝恩斯 （Thomas Baines）

1842 年，当威廉·康沃利斯·哈里斯和约翰·马丁·伯纳茨在埃塞俄比亚忙于观察与绘画时，一位来自英国诺福克的年轻人托马斯·贝恩斯正乘坐“奥利维娅”号帆船前往开普敦，他希望能在那里以绘制装饰画为生。

贝恩斯拥有高超的画技，想要成为一名海景画及肖像画画家。他终于在 1845—1848 年筹集了足够的佣金，足以让自己留在开普敦。1848 年，贝恩斯进行了在南部非洲的首次旅行，他自开普敦向东北方前行，越过奥兰治河，接着到达宏伟的菲什干河。1850 年，他加入探索恩加米湖（现博茨瓦纳）的探险队。然后，他又接到新的差事，担任英国军方在南非的首位官方战时画家，沿着边界线旅行了 8 个月。在所有这些旅程中，他都将所见所闻以油画和水彩画的形式描绘出来。1855 年，他加入奥古斯塔斯·格雷戈里前往澳大利亚北部地区的探险队。格雷戈里对贝恩斯颇为景仰，甚至以他的名字命名了贝恩斯山和贝恩斯河。

杰出的探险者和画家这样的身份，使得贝恩斯有机会加入由英国皇家地理学会赞助的赞比西河探险队，队伍由戴维·利文斯通率领。贝恩斯被指派为探险队的画家兼仓库管理员，队中还有利文斯通的兄弟查尔斯·利文斯，既是外科医生也是植物学家的约翰·柯克，以及地质学家理查德·桑顿。探险队于 1858 年 4 月离开开普敦时士气高昂，然而不久，一场突如其来的灾难降临到贝恩斯头上，几乎断送了他日后作为画家加入任何一次政府赞助的探险活动的可能性。

1859 年，贝恩斯染上了热病，当戴维·利文斯通和柯克在外探险时，他只得在营地内活动。在戴维离开期间，营地暂由他的兄弟查尔斯·利文斯通负责。查尔斯指控贝恩斯盗窃了探险队的物资、财产，在今天看来这完全没有事实根据。1859 年 7 月贝恩斯被探险队解雇，但在他到达通往开普敦的安全路线之前，他不得不备受屈辱地又与探险队共同生活了 5 个月。这段时间他被完全孤立，独自一人乘坐捕鲸船，由于查尔斯·利文斯通不允许贝恩斯与他们同桌吃饭，贝恩斯只能独自进餐。

贝恩斯耗费数年时间想为自己正名，但从未得到对方正式的道歉，并且再也没有得到英国皇家地理学会对其工作的资助。尽管如此，贝恩斯还是不断地将他在南非旅途中绘制的画作和收集到的信息发送至英国皇家植物园、皇家地理学会等英国机构。皇家地理学会终于在 1873 年为贝恩斯颁发了一块金表，以表达对他多年来为地理事业做贡献的感谢。

贝恩斯继续在南非旅行、探险，经常为商贸公司及采矿公司工作，一有机会就将遇到的野生动物画下来。他并非博物学家，也几乎从不为所描绘的物种使用学名。但他还是阅读过一些植物学的入门书籍，对所描绘的对象也有较深入的了解。同时，他还会对所画动物进行测量，记录他所观察到的动物行为及栖息地。贝恩斯于 1875 年去世。

白尾角马
Connochaetes gnou
托马斯・贝恩斯
水彩画
1869 年
26.8cm × 38.3cm

上页图、本页图／这两幅画作中的角马和疣猪是依据死亡的标本绘制的，然而画中站立的疣猪和飞跃中的角马，都不约而同地展现出动物生龙活虎的状态。托马斯·贝恩斯精准地描绘了角马运动瞬间的美丽姿态，这表明他是一位非常优秀的野外观察者。

疣猪
Phacochoerus aethiopicus
托马斯·贝恩斯
水彩、铅笔画
约 1870 年
27.3cm × 38.2cm

BRITISH MUSEUM
NATURAL HISTORY
Kangone

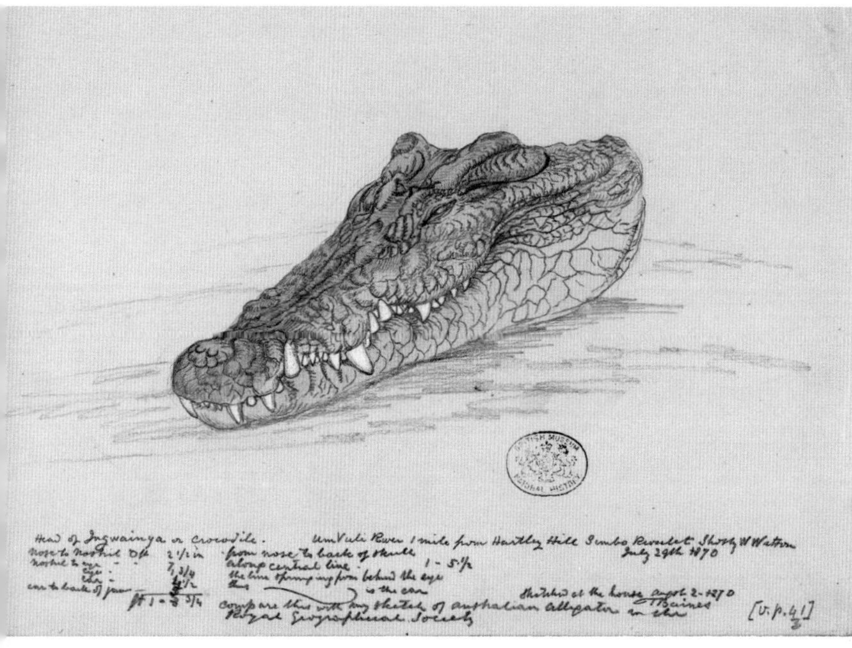

Head of Ingwainya or crocodile.
UmVuli River 1 mile from Hartley Hill
from nose to back of skull
along central line
is the ear
compare this with my sketch of australian alligator in the
Royal Geographical Society
T. Baines
[V. p. 41]

左页图 / 这幅图下方的图注："浅水地带的红树林沼泽""康果尼河河口""11 月 22 日于赞比西河三角洲""1859 年 T. 托马斯 • 贝恩斯""淡亮色的树是多阿切纳"（音译）"垂下的长条是红树的种子""落下时插入松软的泥淖中""红茄苳"（*Rhizophora mucronata*）。这幅红树林沼泽图是托马斯 • 贝恩斯跟随利文斯通在寻找赞比西河探险过程中绘制的。

红树林沼泽
托马斯 · 贝恩斯
水彩画
1859 年
37.7cm × 26.4cm

本页图 / 离开利文斯通的探险队后，托马斯 • 贝恩斯与摄影师詹姆斯 • 查普曼一起进行过几次旅行。两人都记录了旅行日记并出版了讲述他们的探险的书籍，书中揭示了他们是如何运用各自的专业特长相互帮助的，同时也解释了在记录野生动物和自然风景方面，照相术、绘画与草图是如何相辅相成、相得益彰的。

上图：鳄鱼头部
托马斯 · 贝恩斯
铅笔、水彩、粉笔画
1870 年
19.2cm × 27.4cm

下图：斑鬣狗
Crocuta crocuta
托马斯 · 贝恩斯
水彩、铅笔画
1870 年
27.3cm × 38.2cm

The Installation of LoBengula - into the Supreme chieftainship of Matabili land -
the young King exercising his first act of sovereignty by sacrificing cattle to the manes of his father
at Inthlathlangela Monday Feby 22 - 1870 -

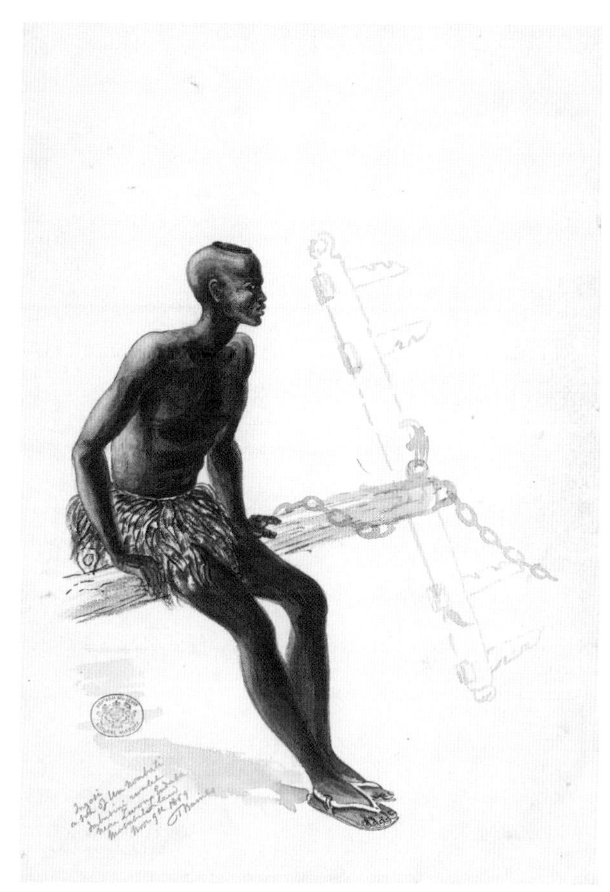

左页图 /1870 年 2 月，马塔贝莱兰地区的人们聚集在此，见证他们新任部落首领诺岑古鲁的就任典礼。托马斯·贝恩斯补充道，年轻的新王通过“以牛为祭品向他的祖先献祭”第一次行使他的君权。

诺岑古鲁的就任典礼
托马斯·贝恩斯
铅笔画
1870 年
27.2cm × 38.1cm

本页图 / 托马斯·贝恩斯创作风景画作和博物学画作的同时，也完成了大量非洲南部居民的肖像画。此画中的英格西是马塔贝莱兰地区的恩依巴蒂的儿子。

恩依巴蒂之子：英格西
托马斯·贝恩斯
水彩画
1869 年
39.2cm × 28.1cm

克劳德·吉布尼·芬奇–戴维斯 （Claude Gibney Finch-Davies）

克劳德·吉布尼·戴维斯是一名顶尖的鸟类画家，1874年诞生于印度德里，随后被送到英国接受教育。他从小就对博物学表现出强烈的兴趣，并开始画鸟。18岁时，戴维斯加入海角骑兵步枪团成为一名士兵，于1893年抵达开普敦。非洲南部地区给戴维斯提供了广阔的舞台，使他能够拓展在博物学方面的兴趣，他将自己大量的业余时间都用到了捕猎、收集及描绘鸟类上。

在戴维斯抵达南非之前，科学界几乎将所有鸟类都记录在案了，其中大部分也都已被鉴别、描述和命名。但科学界只了解其中一小部分鸟类的种群分布状态和生活习性。作为一个满腔热忱的鸟类学家，戴维斯决心为增加鸟类学科知识贡献自己的一份力量。他与博物馆建立了良好的关系，便于研究罕见的鸟类，并且还与南非和英国的鸟类学家们保持通信联系。

1916年戴维斯娶了艾琳·辛格尔顿·芬奇为妻，她比戴维斯年轻20岁，且是个独生女。女方的父亲强烈要求戴维斯采用“芬奇”的姓氏，戴维斯欣然答应，从此以后，他便以“芬奇–戴维斯”之名流传于世。芬奇–戴维斯被提升为陆军中尉，他的前途看起来一片光明。在为博伊德·罗伯特·霍斯伯勒少校的《南非的猎鸟与水鸟》一书创作插图后，他出色的画技在更广的圈子里传播开来。到1917年，芬奇–戴维斯已经在多本鸟类学及博物学核心期刊上发表了论文，文章常常是对以往研究较少的物种错误描述的更正。他还成为非洲南部地区猛禽方面的专家，并能独自承担这些研究的费用。1920年，他和妻子已育有三个孩子，而灾难就在此时袭来。

芬奇–戴维斯的很多工作都是在德兰士瓦博物馆完成的，他经常在馆内研究鸟类藏品，还在图书馆工作。在做有关南非猛禽的工作时，因为有些鸟种没有相关的标本，芬奇–戴维斯需要查阅已出版的相关彩色插图。1919年12月，图书管理员报告称某些期刊的插图遗失了，警方前来调查。1920年1月5日，警方发现芬奇-戴维斯将插图从参考书籍上挪走。虽然没有被正式起诉，但作为赔偿，芬奇-戴维斯将自己包括百余张画作的29本速写本交给图书馆。他的不正当行为也传到他所在的军团。

事情曝光后，芬奇-戴维斯因被揭发感到羞愧和耻辱，职业生涯也崩溃败落。事发后仅仅7个月，芬奇-戴维斯就不幸离世。虽然官方称死因未知，但在其死亡证明书的边缘上有“心绞痛”的注记。尽管如此，芬奇-戴维斯对于南非鸟类学的贡献仍然是巨大的，他精妙的画作中，羽毛、色泽与纹理被多角度、全方位地呈现出来。很多鸟类画家仰慕他的作品，其中一些人将他的画作以石版画的形式翻印并出版。

麋羚
Alcelaphus buselaphus
克劳德·吉布尼·芬奇-戴维斯
水彩画
约1913年
19.5cm x 14.4cm

BRITISH MUSEUM
NATURAL HISTORY
C. G. Finch-Davies
9 - 4 - 1918

本页图 / 这是从克劳德·芬奇–戴维斯总共21页的速写本中挑选的两页，分别描绘了白鹈鹕和黄嘴鹮鹳。鹈鹕在非洲境内分布很广，这是一种大型、重量级的鸟类，多栖息在内陆水域及湿地，经常以大批结群的方式进食。芬奇–戴维斯介绍道，鹳类动物在赞比西河以南地区较为罕见。

左图：白鹈鹕
Pelecanus onocrotalus
克劳德·吉布尼·芬奇–戴维斯
水彩画
1918 年
25.5cm × 18cm

右图：黄嘴鹮鹳
Mycteria ibis
克劳德·吉布尼·芬奇–戴维斯
水彩画
1918 年
25.5cm × 18cm

左页图 / 这幅红嘴弯嘴犀鸟图绘制于1918年，克劳德·吉布尼·芬奇–戴维斯注解说，他发现这个物种在非洲西南地区很常见。

红嘴弯嘴犀鸟
Tockus erythrorhynchus
克劳德·芬奇–戴维斯
水彩画
1918 年
19.5cm × 14.4cm

多萝西·塔尔博特 （Dorothy Talbot）
玛格丽特·方丹 （Margaret Fountaine）

到 20 世纪时，欧洲人对于东非和西非的探索到达鼎盛。在不计其数的探险家中也有几位女性。多萝西·塔尔博特与为尼日利亚政府工作的丈夫珀西·阿莫里共同旅行数年。这对夫妻探索了西非的大部分地区，研究并记录区域内博物学、人种。1915 年多萝西出版了有关尼日利亚南部地区伊比比奥族女人的书籍。在此期间，塔尔博特夫妇还收集了数以千计的植物，其中的一部分还未被科学界所知，多萝西为这些植物创作了许多大幅水彩画作品。

与此同时，鳞翅目昆虫学家玛格丽特·方丹在阿尔及利亚、东非及西非地区探索旅行。她用了近半个世纪的时间环球旅行，收集、研究蝴蝶，记录旅行日记的同时，还在素描本上绘制了许多美丽的昆虫。这其中有 27 年，她都与忠贞不渝的伴侣卡里尔·内米并肩同行，卡里尔是埃及人，祖籍希腊，他俩在大马士革初次相遇。方丹后来写道，"此生最有妙趣的时光都是与他共同度过的"。他们从 60 个国家收集了数以千计的标本，并且进行了有关蝴蝶生命周期的研究。方丹是全球公认的昆虫学家，她出席了 1912 年在牛津举行的第二届国际昆虫学家代表大会。在生命最后的日子里，她还在特立尼达收集蝴蝶，78 岁高龄时在此辞世，葬于此地。

本 页 图/1911—1912年，多萝西・塔尔博特与丈夫在尼日利亚南部的奥班地区共收集了大约2000种植物标本。其中150种是新品种，多萝西为那些珍稀或新发现的植物绘制了实物大小的画作。塔尔博特打算在英国皇家学会的资助下，将这些新种属的画作制成彩色插图并辅以文字描述出版，然而这个想法并未实现。

可乐果
Cola sp.
多萝西・塔尔博特
水彩画
约1911年
70cm × 36.8cm

Full grown Larva of Salamis Temora, feeding on Mallera Lobulata.
Bred from ovum laid by captive ♀.
Budongo Forest, Uganda East Africa.
Budongo Forest, Uganda
East Africa.
Bulisba Uganda
East Africa.
Nov: 10: 1933.

26. Dark, rare form in the larva
of Hesperia Keithloa, on a leaf of
it's food plant _ Acridocarpus Natalitius. Found by Mr: G. F. Leigh, F.E.S
Durban (Natal)
27. Full grown
larva of Charaxes
Cithaeron, on its food plant Chaetachme
Aristata. Found by Mr G. F. Leigh.
Durban (Natal).. Jan: 3: 1909.

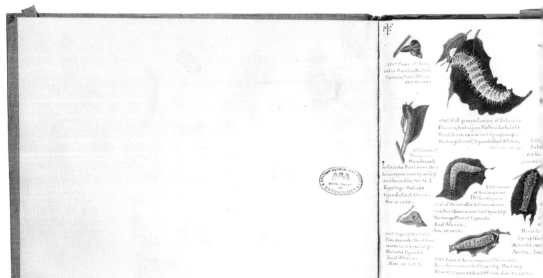

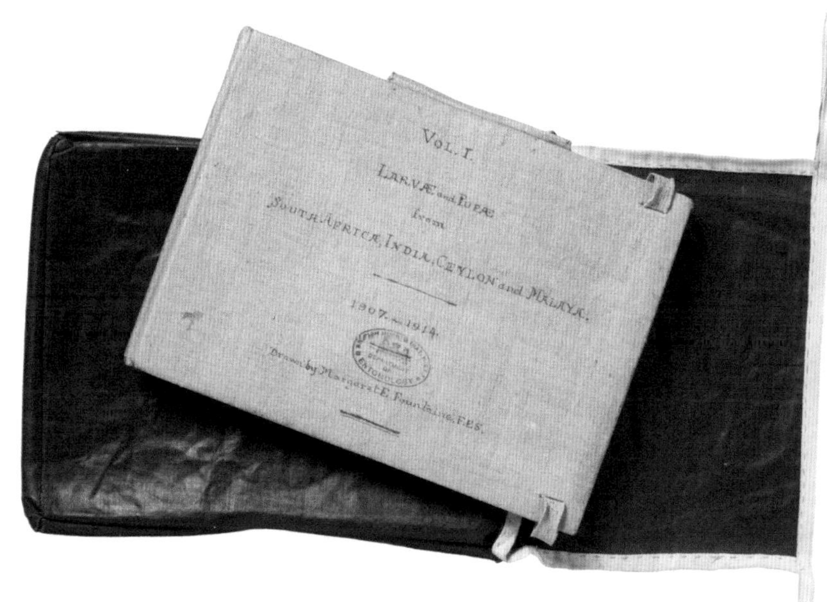

本页图 / 玛格丽特·方丹周游世界寻找蝴蝶，阿尔及利亚和东非、西非地区都有她的足迹。她在 1907—1939 年创作用的速写本中，包含了许多世界各地的蝴蝶幼虫和蛹的水彩画插图，精美而又富含细节。她将每只蝴蝶幼虫置于它们食用的植物之上，并指出哪些是科学界未知的新物种。

鳞翅目速写本
玛格丽特·方丹
水彩画
1907—1939 年
第一卷：12.7cm × 18cm
第四卷：17.8cm × 25cm

范惠瑟姆
迪茨奇
埃雷特
鲍尔
奥布列
泰森
斯通
阿特金斯
麦吉利夫雷
黑克尔
丘奇
菲奇
古尔德
罗斯柴尔德

第五章

CHAPTER FIVE

欧洲

EUROPE

欧洲人眼里的自然

European Visions of the Natural World

欧洲博物学画作发展：18 世纪

随着欧洲帝国的不断扩张、航海知识体系的逐步完善以及欧洲诸国与其殖民地间商贸活动的日益加强，一些画家有机会观察及描绘处在自然生长环境中的动物和植物。殖民贸易也为远在欧洲的科学家和画家们提供了研究遥远土地上动植物群的机会，尽管这种研究是脱离动植物生长环境的。许多博物学家不用走出自己的书房，就可以了解到许多迄今为止仍然未知的动植物和人种，并将自己认为“正确”的有关一个国家博物学的解释强加给殖民地人民。外来动植物的引进助长了富人按照殖民地的自然风貌再造自家的花园、鸟舍和动物园的风潮，也影响了未来公共植物园和动物园的架构。当来自世界各地的自然奇景集中在一个私家花园或温室里时，主人可以在朋友面前炫耀一番，而此时再向朋友展示几卷精美的植物学、动物学彩绘画作，自然更能给朋友留下深刻的印象。

因此，想要做一名以大自然为创作对象的画家，并以此来维持生计，没有哪个时代会比 18 世纪更容易实现，虽然许多才华出众的画家仍需要通过其他手段来补充生活所需。此时各种形式的博物画艺术从整体来看还是一个朝阳产业。一些画家可以寻找到富有的赞助人或学术团体，通过委托绘制及购买现成作品等手段来支持自己的创作。客户来源的不断拓宽，使得博物画的销量不断增加。随着出版物的日渐增多，越来越多的画家能够找到例如着色师、雕刻师以及石印工等的工作机会。

范惠瑟姆家族 （Dutch van Huysum family）
迪茨奇家族 （Dietzsch family）

静物花卉画作与植物科学画的界限一直以来模糊不清，尤其在 18 世纪上半期的时候。从画家玛丽亚・西比拉・梅里安的作品中就可以看到静物花卉画作对其绘画风格的影响，而她的作品又影响了后世许多同时涉及这两种绘画形式的画家。

荷兰与佛兰德的静物花卉画家们将华美的花束置于舞台灯光中，创作出华丽的油画。这些画家中有许多能够直接“跨界”，为某种花绘制出精美、优雅的水彩画，以便在各类苗圃里向人们展示和贩卖人工栽培的新品种。这种艺术手法常常在某个家族中代代相传，其中颇有名气的是荷兰的范惠瑟姆家族。

在德国，同样也有这样家族世袭的画家“王朝”。当时最有名望且备受尊敬的是来自纽伦堡的迪茨奇家族。当时的纽伦堡是欧洲 18 世纪早期植物科学画作的重要中枢，迪茨奇家族中多位成员都是纽伦堡的宫廷画师，他们的作品最显著的特点就是一般绘制于深褐色或黑色背景上。

木芙蓉
Hibiscus mutabilis
约翰·克里斯托夫·迪茨奇
水粉画
约 1750 年
27.7cm × 19.9cm

左页图 / 约翰·克里斯托夫·迪茨奇是一位创作了诸多花卉画的风景画家。像他家族中的其他成员一样，他也是在深褐色或黑色背景上进行创作，明暗之间的强烈对比可以更好地突出所描绘的物体。

李子
Prunus sp .
玛丽亚·范惠瑟姆
水彩画
约 18 世纪早期
20.6cm × 32.7cm

本页图 / 玛丽亚·范惠瑟姆描绘的这幅优美的水果水彩画，看起来更像是一幅静物画而非博物学插图。范惠瑟姆家族中拥有大量知名的画家，其中许多都是秉持着浓烈的荷兰传统画风的花卉画家，但也有一部分人是植物学画家，如雅各布斯·范惠瑟姆等。

左页图 / 鸢尾花是出现在绘画作品中最古老的花卉之一。这种鸢尾兰就是几个世纪以来栽培及变种的诸多品种之一，经常出现在荷兰与佛兰德人的花卉作品中。这幅画是玛丽亚·西比拉·梅里安在牛皮纸上绘制的。

鸢尾花
Iris sp.
玛丽亚·西比拉·梅里安
牛皮纸上的水彩、水粉画
约 17 世纪 90 年代
33.6cm × 26.8cm

本页图 / 约翰·霍克起初是一位肖像画及风景画画家。到 18 世纪中期时，他对于博物学的兴趣逐渐被唤醒，并开始系统地研究各种不同的生物。霍克创作了数百幅有关软体动物和甲壳纲动物的水彩画作品，力求捕捉各类动物色彩的微妙变化。

贝壳类集萃
（顺时针方向自左上图起）
海军上将芋螺
Conus ammiralis
主教芋螺
Conus episcopus
帝王芋螺
Conus imperialis
玉女芋螺
Conus virgo
海蛳螺
Epitonium pretiosum
约翰·古斯塔夫·霍克
水彩画
约 1771 年
23cm × 36.4cm

格奥尔格·狄奥尼修斯·埃雷特 （Georg Dionysius Ehret）

18世纪，德国涌现出首批自然科学画家，格奥尔格·狄奥尼修斯·埃雷特就是其中之一。埃雷特于1708年出生在海德堡，他曾给一位园艺师当了多年学徒，自学了水彩画技艺，加之本来就具备植物方面的知识，在23岁时他决定做一名职业的画家和植物学家。

在彻底离开德国之前，埃雷特在纽伦堡停留了一段时间，并在那里遇见了物理学家克里斯托夫·雅各布·特鲁，后者成为埃雷特的赞助人和一生的朋友。18世纪30年代，埃雷特前往荷兰旅行，最终定居在英国，在富有的赞助人的植物园里工作了许多年，描绘来自世界各地的新奇植物。当约瑟夫·班克斯在1766年从纽芬兰返回英国时，雇用了埃雷特来描绘自己所采集的植物。

埃雷特被认为是第一位将自己全部工作重心放在植物学领域的画家，他也成长为当时最出色、名声最盛的植物画师。

弗朗兹·鲍尔 （Franz Bauer）

无论在生前还是死后，埃雷特的盛名都无人企及，直到鲍尔兄弟俩的作品广为人知。弗朗兹·鲍尔于1788年从祖国奥地利来到伦敦，希望随后能够前往巴黎，继续自己的旅程。他的计划被约瑟夫·班克斯爵士的介入所扰乱，班克斯被鲍尔的艺术才华折服，并邀请他担任邱园植物画师一职。起初班克斯本人给鲍尔支付工资，几年之后鲍尔才成为植物园的正式员工。他一直担任植物园的画师，直至1840年辞世。鲍尔在邱园成为一位出色的植物学研究者，并且在其诸多画作中都体现出这方面的专业素质。在植物画师中，他的画技非常娴熟精湛，甚至借助显微镜创作了许多精美的植物细节画作。

右页图 / 对格奥尔格·狄奥尼修斯·埃雷特而言，牛皮纸是比正常纸张更合适的媒介物。在技艺高超的画家手中，在牛皮纸上绘制水彩画与水粉画的效果令人眩目，正如这幅荷花玉兰图的效果。埃雷特成功地将这种花卉花瓣的柔顺质地完美地呈现出来。

荷花玉兰
Magnolia grandiflora
格奥尔格·狄奥尼修斯·埃雷特
牛皮纸上的水彩画
1744年
46.9cm x 35.4cm

MAGNOLIA altissima Lauro-Cerasi folio
flore ingenti Candido. Catesby

G. D. Ehret. p. 1744.

colocasia
ARUM; Maximum Ægyptiacum
quod vulgo Colocasia. C.B.P.
Linn: Sp: Pl: 965.
G. D. Ehret. fecit.

本页图 / 格奥尔格·狄奥尼修斯·埃雷特的素描作品是其绘画技法的精彩例证，同时也展现了他精深的植物学知识。埃雷特绘制了许多种植在切尔西药用植物园的芦荟，其中部分出版于 1737 年。这株芦荟原产自南非开普敦地区。

索科德拉芦荟
Aloe succotrina
格奥尔格·狄奥尼修斯·埃雷特
水彩、墨水画
约 1736 年
56.5cm × 41.6cm

芋
Colocasia esculenta
格奥尔格·狄奥尼修斯·埃雷特
水彩、水粉画
约 18 世纪 40 年代
51.9cm × 36cm

左页图 / 埃雷特在其有生之年是最负盛名的植物画师。在他定居伦敦后，许多拥有大花园的人纷至沓来，邀请埃雷特绘制他们所钟爱的植物，这些植物中可能就有画中这株原产自印度及东南亚地区的芋。

a. Ramus florens.
b. Folium naturali magnitudine
c. Jula.
d. Stygma cum vagina, Calyx et pedunculus, in situ naturali.
e. eademque longitudinaliter dissecta.
f. Stygma à tergo visum.
g. pedunculus cum Calyce.
h. Germen cum Pistillo.
j. Pedunculus & Calyx Germine remoto, longitudinaliter
k. locus fructificationis
l. Fructus immaturus horizontaliter dissectus.
m. Idem longitudinaliter dissectus.
n. Fructus maturus.
o. Capsula seminalis
p. Capsulæ pars superior.
q. pars inferior.
r. Semen.
s. Idem transversaliter dissectum.
Floruit in Horto Chelseyano Mense Novembri 1738
Georgius Dionysius Ehret. observa
Hura; Americana Abutili

本页图 / 通过显微镜的观察，弗朗兹·鲍尔成为能够科学绘制植物细节部位的大师，同时也能创作出单株花卉的杰出画作。

朱顶红
Hippeastrum sp.
弗朗兹·鲍尔
水彩画
约 1804 年
52cm × 35.6cm

左页图 / 鹤望兰原生长在南非，1773 年首次种植在邱园。约瑟夫·班克斯爵士以梅克伦堡－斯特雷利茨公主（夏洛特王后）之名为其命名。

鹤望兰
Strelitzia reginae
弗朗兹·鲍尔
水彩画
1818 年
52.7cm × 39.5cm

克劳德·奥布列（Claude Aubriet）

《植物学的要素》（*Elemens de Botanique*）

法国同样也有一批大名鼎鼎的花卉画家及植物画师，比如在皇家植物园工作的克劳德·奥布列。皇家植物园建于 1626 年，在法国大革命之后易名为巴黎植物园，时至今日仍然是巴黎最主要的植物园。几乎自开园之初起，植物园就雇用画师。克劳德·奥布列在园中工作多年，并与植物学家约瑟夫·皮顿·杜纳弗合作，于 1694 年出版了《植物学的要素》一书。1700 年，他还与杜纳弗共同旅行两年，并在黎凡特担任杜纳弗的画师，返程之后继续在植物园工作。1707 年，他已成为皇家植物园的画师。在他之后担任这一职位的还有生于荷兰的画家杰勒德·范斯潘东克，以及他的学生，生于比利时的画家皮埃尔·约瑟夫·雷杜德。

本页图 / 杰勒德·范斯潘东克在巴黎皇家植物园担任花卉绘画的教授，曾当过皮埃尔·约瑟夫·雷杜德的老师，雷杜德被誉为“花卉界的拉斐尔”。斯潘东克是在牛皮纸上绘画的大师，他自然也将这门手艺传授给了他的学生。

加那利藤
Tropaeolum peregrinum
猴耳环
Pithecellobium circinale
杰勒德·范斯潘东克
均为水彩画
均为 45.5cm × 28.5cm

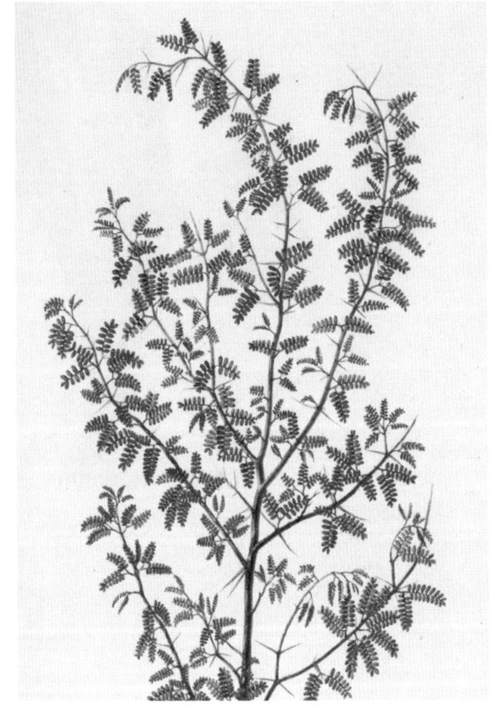

本页图/克劳德·奥布列是最早受雇于巴黎皇家植物园的植物学画家之一。和那些步其后尘的后辈一样，奥布列也钟爱在牛皮纸上作画，创作出这种媒介物之上独特的效果。

木薯
Manihot esculenta
克劳德·奥布列
牛皮纸上的水彩、水粉画
18 世纪早期
42.3cm × 30.3cm

爱德华·泰森 （Edward Tyson）

《猩猩还是猿猴：俾格米人与猴子、类人猿及人类的解剖学比较》

（*Orang-outang, sive Homo sylvestris: or, the Anatomy of a Pygmie compared with that of a Monkey, an Ape, and a Man*）

---

18 世纪晚期及 19 世纪早期植物科学画蔚然成风，反映了卡尔·林奈对于植物学这门学科的直接影响。他于 1735 年在《自然系统》一书中首次提出了基于植物双名制的分类体系，为画家提供了一种通过描绘特定细节将植物分类的方式。而植物科学画的繁荣也带动了博物学其他门类的兴起。

106 *Orang-Outang ſive Homo Sylveſtris*: Or,

J. The *Cone* of the *Heart*.
K. The right *Ventricle* of the *Heart* here opened, ſo that part of the *Polypus* contained there, came in view.
L. Part of the *Pericardium*, on the *Baſis* or upper part of the *Heart*.
M. M. The *Thymus*, lying on the *Pericardium*.
N. The *Mediaſtinum* freed from the *Sternum*, and turn'd to the right ſide.
O. O. The two *Subclavian Arteries*.
P. The *Carotid Arteries*.

The eleventh Figure

Shews the *Polypus* or Coagulated Blood found in the *left Ventricle* of the *Heart*.

A. THAT part contained in the *Ventricle*.
B. Three Impreſſions, formed by the *Semilunary Valves*.
C. That part, that lay in the *Aorta*.
D. That part that paſſed into the deſcending Trunk of the *Aorta*.
E. Thoſe *Ramuli* of it that lay in the aſcendent Branches of the *Aorta*.

The twelfth Figure

The *Polypus* found in the right *Ventricle* of the *Heart*.

A. THAT part contained in the *Ventricle*.
B. The Impreſſions made by the *Valvulæ ſigmoides*.
C. The Branches leading to the right and left *Lobes* of the *Lungs*.

The thirteenth Figure

Repreſents the *Baſis* of the *Brain* with the *Medulla Oblongata*, and the *Nerves* and *Arteries* cut off.

A. A. THE two *anterior* or fore *Lobes* of the *Brain*.
B. B. The two *poſterior* or hinder *Lobes* of the *Brain*.
a. a. Two depreſſions in the fore *Lobes* cauſed by the riſing of the *Frontal* bone, that compoſes the upper part of the *Orbit* of the *Eyes*, which in this *Animal*, and in *Monkeys*, is more eminent than in *Man*.
b. b. The diviſion of the right and left *Hemiſphere* of the *Brain*, where the *Falx* is placed. This fore-part of the *Brain* in this *Animal* appeared ſomewhat flatter than in *Man*.
C. C. The *Cerebellum*.
D. The *Principium Medullæ Spinalis*, or that part of the *Caudex Medullaris*,

18 世纪时，对解剖学感兴趣的群体，已经从专业医师扩展到那些对动物学感兴趣的人中。在 17 世纪晚期，法国及英国的解剖学者已经开始进行比较解剖学的研究。他们认为通过解剖来研究动物的结构，可以帮助他们发现动物之间隐藏的联系。他们同时也开始意识到，人类本身也与其他动物有许多共同的解剖特征。18 世纪的大部分时间里，比较解剖学仅限于研究解剖结构，直到动物学家乔治斯·居维叶、约翰尼斯·穆勒、查尔斯·贝尔和理查德·欧文的出现，才使得这个学科被拓展、延伸至胚胎学、生理学和形态学领域。

爱德华·泰森是英国的比较解剖学之父。他的专著《猩猩还是猿猴：俾格米人与猴子、类人猿及人类的解剖学比较》出版于 1699 年，一直到 19 世纪都算得上是重要的著作。泰森实际的研究对象是一只黑猩猩，而非书名中的猩猩；这只黑猩猩在 1697 年到达伦敦后不久就死了。泰森设法获取了它的尸体进行解剖与研究。这本书拥有精美的插图，其中有他的解剖学同事威廉·考珀绘制的 8 幅雕版画作品，首次揭示了类人猿与人类在结构上是多么相似。泰森的研究成果被当时许多顶尖的博物学家所引用，如法国的布丰伯爵、乔治斯·居维叶和英国的查尔斯·达尔文、理查德·欧文。

这只被泰森解剖的黑猩猩是日渐增加的被带回欧洲的异域动物之一。早在 1515 年，德国画家阿尔布雷克特·丢勒就创作了一幅精彩的独角犀木刻版画。丢勒运气不佳，他根本没有看见过这种动物，只能根据一幅草图和文字描述作画。1739 年，东印度公司将一头犀牛送回伦敦公开展出，门票售价 2 先令 6 便士。詹姆斯·帕森斯为犀牛绘制了一幅油画作品，英国画家杰勒德·范德古特则根据这幅作品制作了雕版画。

左页图 / 爱德华·泰森的解剖学同事威廉·考珀为泰森有关黑猩猩的著作绘制了出色的插图。考珀也对书中有关肌肉部分的章节贡献颇多。

黑猩猩
Pan troglodytes
威廉·考珀
雕版画
1699 年
37.6cm × 21cm

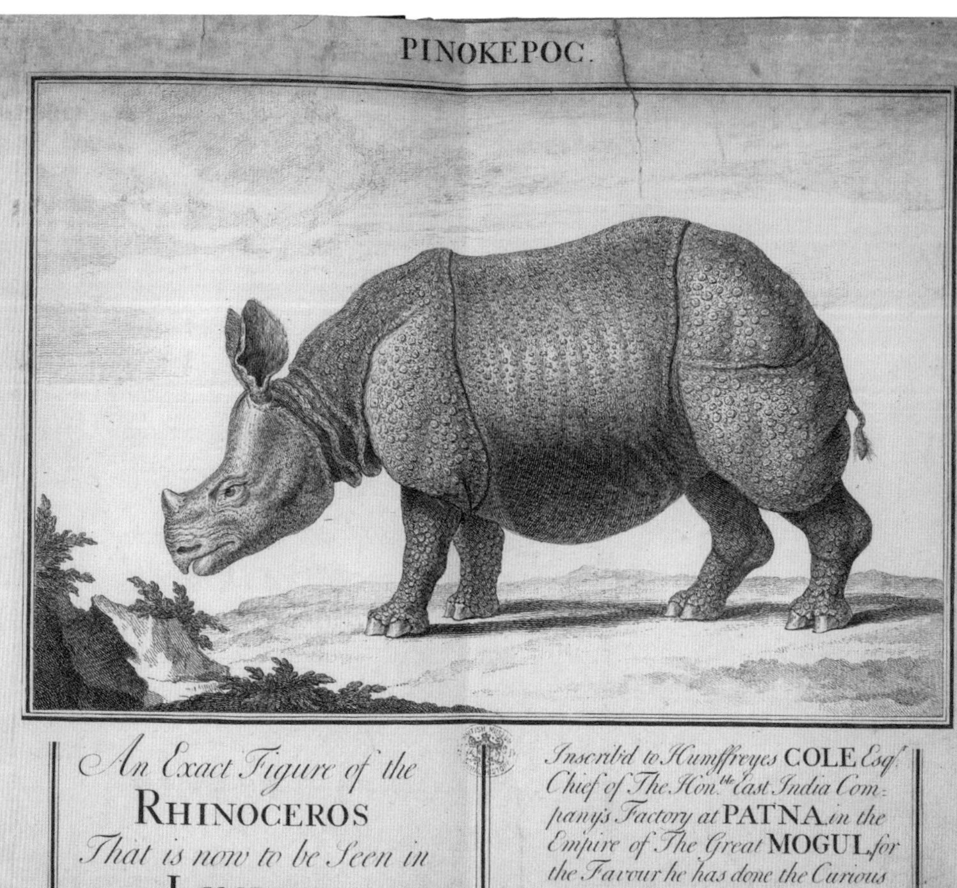

PINOKEPOC.
An Exact Figure of the
RHINOCEROS
That is now to be Seen in
LONDON.
Inscrib'd to Humffreyes COLE Esqr.
Chief of The Hon.ble East India Company's Factory at PATNA in the
Empire of The Great MOGUL, for
the Favour he has done the Curious
in Sending it over to England.
Publish'd October 10. 1739.

本页图 / 这幅独角犀的雕版画由杰勒德·范德古特于 1739 年根据詹姆斯·帕森斯的画作制作，这是英国境内第二次出现独角犀，首次出现是在 1684—1685 年。

独角犀
Rhinoceros unicornis
詹姆斯·帕森斯
《犀牛：四足动物博物志》
雕版画
1739 年
34.4cm × 41.1cm

萨拉·斯通 （Sarah Stone）
安娜·阿特金斯 （Anna Atkins）

启蒙运动为来自社会各阶层热情的博物学家和画家们打开了追求个人兴趣爱好的大门。在这群成功的画家中，有相当数量的女性。萨拉·斯通为阿什顿·利弗爵士、约瑟夫·班克斯爵士以及其他卓越的博物学收藏家们工作，担任博物学画师并领取佣金。她为从世界各地的探险队收集回来的标本绘制了大量水彩画作品，其中也包括来自库克船长航程中的标本。

另一位女画家安娜·奇尔德，同样也是一位杰出的博物学家，婚后随夫姓更名为安娜·阿特金斯。安娜的父亲约翰·奇尔德是一位受人尊敬的博物学家，他教授安娜广博的博物学知识，并潜移默化地培养了她的钻研精神。父女俩都曾与法国博物学家琼-巴普蒂斯特·拉马克在他的著作《贝壳的种属》中合作过，父亲翻译文字，女儿负责绘制插图。安娜还对摄影很感兴趣，并且在英国天文学家约翰·赫舍尔爵士的指导下，学会了用氰版照相法创作照片。她是首位发表英国藻类的氰版摄影照片的人，如今被认为是博物学摄影的先驱人物。

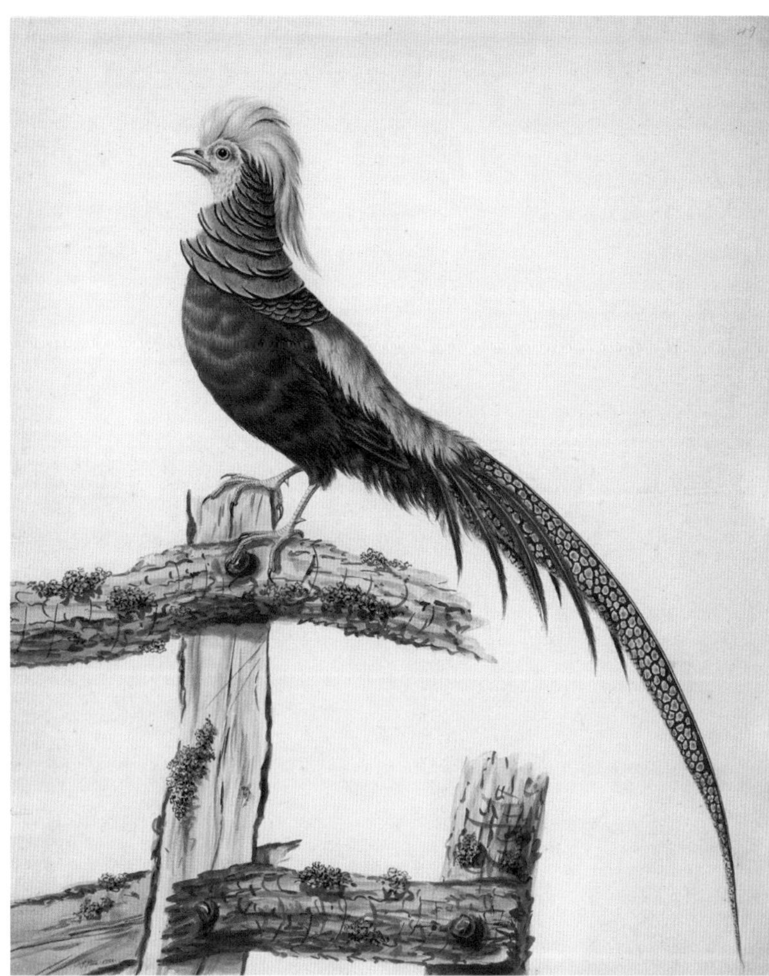

左页图、本页图/萨拉·斯通描绘来自世界各地鸟类的水彩画作品被收录到阿什顿·利弗爵士的收藏集中。这些创作于18世纪80年代的作品是艺术瑰宝，也是对那些当时未知鸟类的重要科学记录。斯通画了许多由旅行者从探险过程中带回英国的异域鸟类，其中有的鸟类来自詹姆斯·库克的“奋进号”旅程。图中这只红腹锦鸡原生长地在中国西部。

孔雀雉
Polyplectron bicalcaratum
萨拉·斯通
水彩画
约1785年
56.2cm × 45cm

红腹锦鸡
Chrysolophus pictus
萨拉·斯通
水彩画
1788年
53.1cm × 43.6cm

Dictyota dichotoma
in the young state, &
in fruit.

19 世纪欧洲博物学画作发展

到 18 世纪后半期，越来越多的科学家开始着手研究地球历史和结构。日渐增多的证据表明地球存在的时间要比先前人们认为的长远，而关于岩石层变迁进程的全新理论也在不断涌现。其中出现两大学派：一方支持《圣经》中有关大洪水的观点，另一方则认为长期的火山活动导致岩石层构造的改变。绘制地球结构、通过化石确定地层年代等做法在 19 世纪早期形成一股强劲的势头，同时将这些数据可视化的技术也取得了长足的发展。英国地质学家威廉·史密斯于 1815 年绘制了第一张英国的地质图，与如今制作的现代版本差异并不大。

19 世纪早期，新兴的实业家和帝国缔造者们将博物学视作值得投入和利用的对象。专业的科学家们渐渐取代了在 18 世纪占主流的业余爱好者们。同样的变化也发生在画家中间。在启蒙运动期间，诸多画技高超的画师掌握了所画对象的信息与知识，成为卓越的博物学家；到 19 世纪中叶，有一些科学家既是自己所研究领域的专家，也是称职甚至优秀的画家。纵观整个 19 世纪，以下三位专家可以称为这场变迁的代表人物：威廉·麦吉利夫雷、厄恩斯特·黑克尔和阿瑟·哈里·丘奇。

左页图 / 安娜·阿特金斯从 1843 年起开始筹备她的《英国藻类：氰版照相印象》一书，到 1853 年最终完成，期间一共手工制作了 389 幅照相底片。阿特金斯的著作是首部以照相术替代传统的绘画艺术来做插图的书籍。她也是第一位研究并出版关于藻类的出版物的植物学家。

双生网地藻
Dictyota dichotoma 或 *Chondrus ciispus*
安娜·阿特金斯
《英国藻类：氰版照相印象》
1853 年
25.5cm × 20cm

本页图 / 威廉·汉密尔顿在意大利那不勒斯居住多年，观测维苏威火山的活动。他将自己观测到的资料通报给英国皇家学会，在返回英国后出版了关于这一主题的作品，其中包括一大批水彩画作品。汉密尔顿雇用彼得·法布里斯进行绘画工作，将自己的文字描述转化为图形。

维苏威火山顶部示意图
彼得·法布里斯
水彩、水粉画
1776 年
45cm × 32cm

右页图 / 威廉·史密斯创作了精彩、具有突破性的地质图，其中每种地质学形态都分别以不同颜色标注。整幅地图一共用了 20 种不同的色彩。

英格兰、威尔士及苏格兰局部地区地质图
威廉·史密斯
手绘雕版画
1815 年

HOLLAND
BEDFORD LEVEL
ISLE OF ELY
HUNTINGDON
CAMBRIDGE
NEW MARKET HEATH
BRANDON HEATH
NORWICH
BLOFIELD
IPSWICH
SUFFOLK EAST SANDS
ROYSTON DOWNS
THE RODINGS
ESSEX
MOUTH of the THAMES
CANTERBURY
KENT
CHALK HILLS
THE DOWNS
WEALDS of KENT
ROMNEY MARSH
DENGE NESS
STRAITS of DOVER
WEALDS of SUSSEX
SUSSEX CHALK HILLS
BEACHY HEAD
PEVENSEY LEVEL
SURRY
BOULOGNE

威廉·麦吉利夫雷 （William MacGillivray）

出生于苏格兰的博物学家威廉·麦吉利夫雷是一位研究鸟类的专家，同时也是一个有天赋的画家。1796年出生的他是第一位职业的博物学家。他在爱丁堡大学担任博物学助理教授，后来在同城的皇家外科医学院博物馆担任馆长。也正是在此地，年轻的查尔斯·达尔文不惜以逃脱医学专业的课程为代价，来拜访麦吉利夫雷和欣赏他的藏品。1841年，麦吉利夫雷荣膺阿伯丁马修学院博物学教授。

麦吉利夫雷绝对是一位脚踏“实地”的博物学家，不管自己的职业方向怎样，他都非常乐于用双脚行走几百千米，只为观察和探索大自然。和前辈亚历山大·威尔逊一样，麦吉利夫雷也谴责那些纸上谈兵的科学家们只会观察研究标本，而根本没见过在自然生长环境中的生物。麦吉利夫雷创作了许多精彩绝伦的鸟类和哺乳动物的画作，既能表现动物原生态的美丽，也同样展现了精确的科学细节。他绘制了许多意义深远的作品，同时也为其他人的作品贡献出自己的力量，比如为奥杜邦的《鸟类学变迁史》撰写学术性文字。

本页图/南非鲣鸟的原生地在大西洋北部。这种鸟类在英国，尤其是苏格兰海滨大规模聚集繁衍，因此威廉·麦吉利夫雷从小就对它们非常熟悉。这幅鲣鸟图与他所有的鸟类画作一样，都是按照实物大小绘制的。

南非鲣鸟
Sula capensis
威廉·麦吉利夫雷
水彩画
约1835年
54cm × 75.4cm

厄恩斯特·黑克尔（Ernst Haeckel）

《自然界的艺术形态》（*Art Forms from Nature*）

厄恩斯特·黑克尔1834年出生在普鲁士的波茨坦。他在柏林大学主修医科，在他的老师、生理学家约翰尼斯·穆勒教授的影响下，黑克尔将自己的专业方向转为动物学，专攻海洋生物。他后来成为耶拿大学比较解剖学教授，并在这一岗位奋斗了47年。黑克尔在动物学的几个领域都有所涉猎，但广为人知的还是他在浮游生物中发现一种单细胞原生动物放射虫的研究成果。他发现了数百种新的海洋生物种类，并创作了许多令人耳目一新的画作。黑克尔成为进化论在德国的主要支持者，尽管他更倾向于法国博物学家琼–巴普蒂斯特·拉马克的获得性遗传理论，而非达尔文的自然选择理论。

他认为形式是最重要的，他的画作就表明了他对于自然的理解：自然由对称与结构所主宰。当时黑克尔的画作无论在科学界还是普通公众的眼中都是新生事物。而到了19世纪晚期和20世纪初艺术与设计运动如火如荼之际,他的作品反而变得很合时宜了。1899年黑克尔出版了《自然界的艺术形态》系列丛书的第一辑。值得一提的是书中的插图，影响了许多欧洲的画家、设计师和建筑师们。

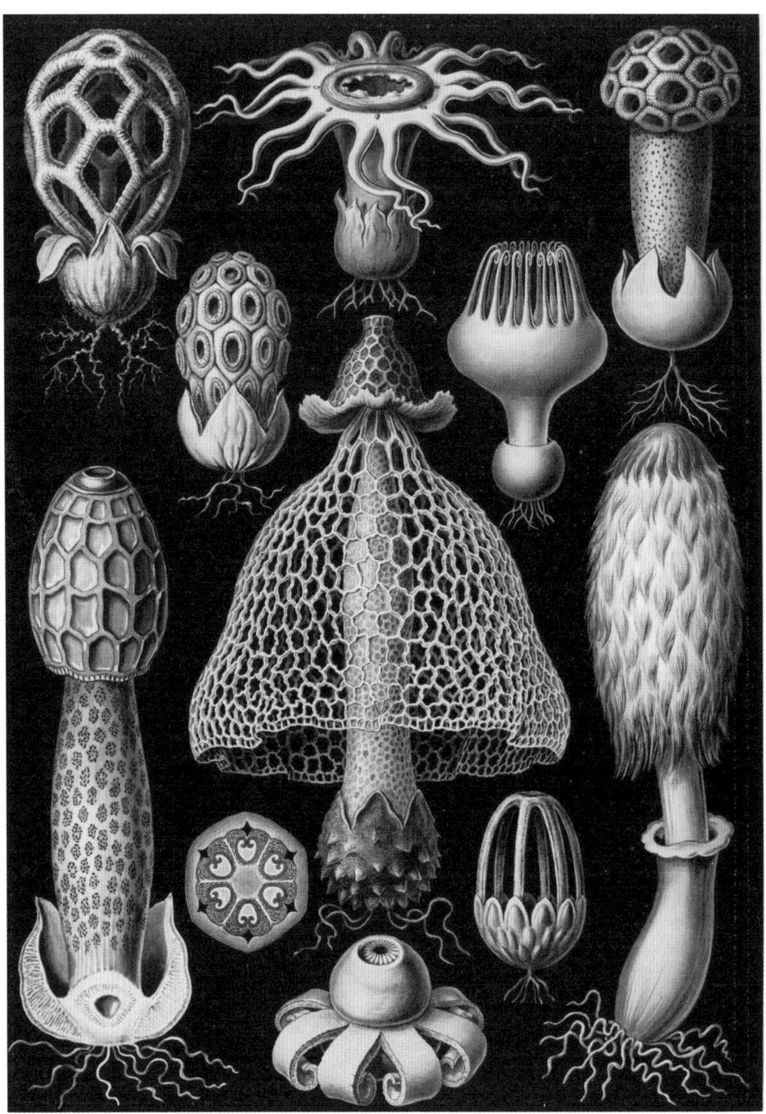

本页图、右页图／担子菌门是真菌王国中规模最大的种群，经常被描述为一种丝状体真菌。海蕾是一种已灭绝的、有茎的棘皮动物门海星的化石。黑克尔为大自然的艺术深深陶醉，并将他绘画的对象放置在页面上以显示每个有机体的对称性与几何学特征。

本页图：海洋原生动物
Acanthophracta radiolaria
担子菌门
Basidiomycota
厄恩斯特·黑克尔
《自然界的艺术形态》
彩色平版印刷
1899—1904 年
35.5cm × 26.3cm

右页图：海蕾
Cystoidea sp.
厄恩斯特·黑克尔
《自然界的艺术形态》
平版印刷
1899—1904 年
35.5cm × 26.3cm

本页图 / 这幅妙不可言的各种蜥蜴汇集在一起的画作，选自黑克尔的著作《自然界的艺术形态》。全书包括 100 幅以海洋生物为主的整版插图。黑克尔年少时想以绘画作为职业，但后来却选择了科学研究，最终他将绘画与科学两者都融入了自己的作品中。

各种热带蜥蜴
厄恩斯特·黑克尔
《自然界的艺术形态》
彩色平版印刷
1899—1904 年
35.5cm × 26.3cm

阿瑟·哈里·丘奇 （Arthur Harry Church）
《植物结构的种类》（*Types of Floral Mechanism*）

阿瑟·哈里·丘奇生于1865年。从文法学校毕业后，丘奇求学于阿伯里斯特威斯的威尔士大学。在获得两项学校提供给成年学生的奖学金以后，他又到牛津大学的皇后学院和基督教会学院继续学业。不久，在获得植物学最高荣誉并毕业后，他被指派到植物学系担任助教。丘奇大半辈子都是在牛津大学度过的，这也使他成为“英国历史上游历最少的植物学家之一”[1]。他发展了一种艺术技法，来展示植物不同生长阶段的内部结构。尽管丘奇的画作与黑克尔的风格迥异，但无疑受到了新艺术主义的影响，因为当丘奇为他未完成的著作《植物结构的种类》绘制插图时，这种风格的影响力正处在巅峰时期。

本页图、下页图／阿瑟·哈里·丘奇精彩的植物水彩画辅之以黑白细节图，这种方式被认为是在花卉研究方面的革命性突破。丘奇的画作在他的植物学作品《植物机理的类型》中作为图解，这部著作只在1908年出版了第一部分。

欧耧斗菜
Aquilegia vulgaris
阿瑟·哈里·丘奇
水彩、水粉画
1903年
31.6cm × 19.2cm

[1] 戴维·马伯里，《阿瑟·哈里·丘奇：花卉解剖学》，2000年，第7页。

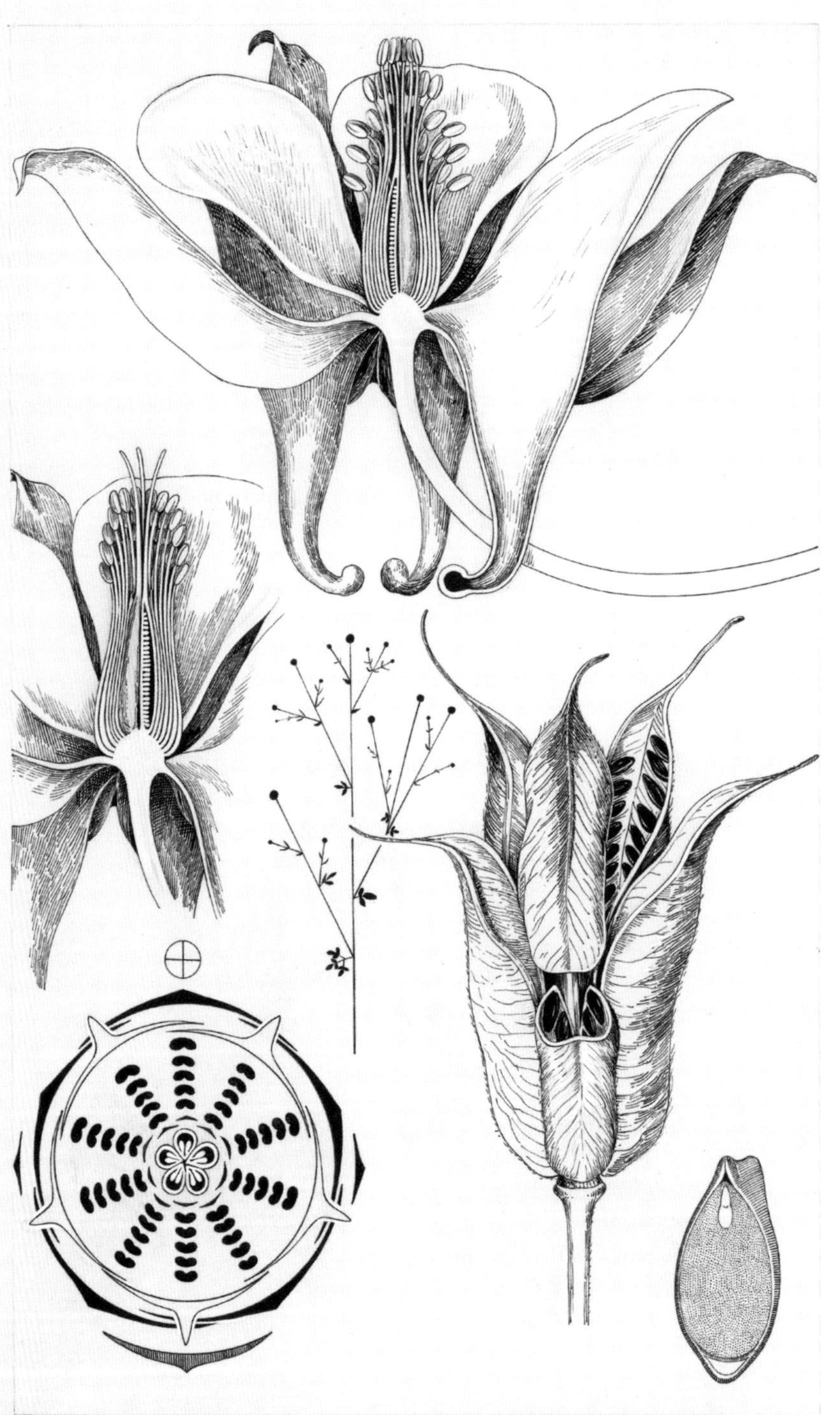
Aquilegia vulgaris.
Floral Diagram
Elevation, Section in median plane of young flower (3/1)
Portion of same section of older flower in ♀ stage.
Elevation of Inflorescence.
Fruit dehiscing, one carpel cut transversely.
Median section of seed. (in plane of raphe)
July 30/99.
A.H. Church Delt.

对大部分18、19世纪的博物学家和画家来说，能通过媒介物将自己的作品出版是至关重要的。印刷技术的进步以及平版印刷和照相术的发明都助推了科学专著、旅行书籍以及定期刊物的大量出版。在18世纪的最后25年里，许多画家找到了为各种流行刊物、杂志或者社会中的知识分子阶层绘制彩色插图的工作。

最为成功的刊物之一是威廉·柯蒂斯创刊于1787年的《植物学杂志》，一直定期出版至今，几乎没有中断。在动物学界能与《植物学杂志》相匹敌的刊物是乔治·肖在1789—1813年出版的《博物学家杂集》，以及威廉·贾丁在1833—1861年出版的《博物学家的图书馆》杂志，后者雇用了包括爱德华·利尔以及普里多·塞尔比在内的一系列知名画家。欧洲其他地方也有一些知名的出版物，例如丹麦的《丹麦植物志》、德国的《绿色花园》，都刊载了一些当时最优秀的博物学画家的作品。在法国，皮埃尔·约瑟夫·雷杜德出版了许多杰出的作品，其中《百合圣经》和《玫瑰圣经》都是插图版的出版物，并且到今天都还保持着重要性和影响力。

并非所有的出版物都是成功的，最惨烈的一次失败要数罗伯特·桑顿出版于1799—1807年的《植物的圣殿》。这本刊物内含大约30幅整版花卉插图，这些花卉都是首次以其自然生长环境中的真实形象示人。这个项目的成本相当高昂，销量却不够理想。桑顿将这一局面怪罪于拿破仑连绵不断的征战，战争所导致的后果是："对中产阶级课以重税，来为那些给欧洲文明带去浩劫、战火与杀戮的武装部队埋单。"[1]

左页图：欧耧斗菜
Aquilegia vulgaris
阿瑟·哈里·丘奇
墨水画
1903年
31.6cm × 19.2cm

[1] 罗伯特·桑顿，《植物的圣殿》，致订阅者的道歉函，1807年。

本页图 / 皮埃尔·约瑟夫·雷杜德是来自巴黎植物园最知名的花卉画家。他创作了各种精致的植物画作，但最有名的还要数出版于1817—1824年的3卷《玫瑰圣经》。雷杜德第一次将用无数个小点营造色调的点刻雕版画技法引入法国，这种技法是他造访英格兰期间从弗朗西斯科·巴托洛兹那里学到的。

玫瑰
Rosa sp.
皮埃尔·约瑟夫·雷杜德
《玫瑰圣经》
彩色雕版画
1817—1824年
53.5cm × 34cm

右页图 / 《植物的圣殿》是向瑞典植物学家卡尔·林奈的致敬之作。罗伯特·桑顿声称"英国最著名的画家"都参与到这部作品插图的创作过程中。其实，真正的画家是他雇用的十余位用腐蚀凹版制版法或镂刻凹版制版法的雕刻师们。这些工匠将自己的技法和使彩色印刷成为可能的点刻雕版法结合起来。这些插图最后都是由手工上色完成。

康乃馨
Dianthus sp.
罗伯特·桑顿
《植物的圣殿》
手绘雕版画
1799—1807年
57cm × 45cm

本页图、右页图 / 作为19世纪上半叶杰出的鸟类画家，爱德华·利尔经常受邀为各种出版物绘制插图。1832年，他出版了自己的鹦鹉画集，名为《鹦鹉科画集》，他不仅为这部作品绘制了水彩画原图，同时还亲自为平版印刷工作制作石版。利尔也为威廉·贾丁的《博物学家的图书馆》一书绘制画作，这幅蓝凤冠鸠图就是其中一幅。

本页图：阿历山大鹦鹉
Psittacula eupatria
爱德华·利尔
《鹦鹉科画集》
手绘平版印刷
1832年
55.5cm × 36.5cm

右页图：蓝凤冠鸠
Goura cristata
爱德华·利尔
水彩画
1834年
16.2cm × 11.7cm

205
30

沃尔特·胡德·菲奇（Walter Hood Fitch）

旅行后的博物学家想要让自己的报告得以出版，往往会向学会团体或政府求助以支付相关费用。仅有少数一些博物学家取得了成功，且大部分成功的出版活动都是通过亲自推销提升订阅量及自己认购等形式来达成。制作彩色图版的价格接近天文数字：铜版雕版是一个烦琐、耗时很长的过程；图像采用的是凹版印刷，而文字采用的凸版印刷，印刷两者需要用不同的印刷机；雕版画随后还需要手工上色，这一步骤经常需要由着色师及其家族式作坊完成。而对那些没有绘画天赋的博物学家来说，还要多出一项成本支出：雇用一位画家来为雕刻师准备好原始的画作。

就像在博物馆或实验室中的博物学家从未踏足野外世界一样，同样也有一些画家在为书籍配图时从未亲眼看见过所画对象在原生长环境中的景象。到19世纪中期，这种现象变得常见起来。为一位游历四方的科学家担任画师，而画师本人却从不出门去亲眼看看那些生长在自然环境中的动植物，这样的做法会带来许多问题。仅通过文字描述或口述来绘画是十分困难的。用活体动植物做参考，自然是一个很大的进步，但这也要看条件是否允许。对一些画家而言，他们必须以干瘪的标本为依据来创作出生机勃勃且栩栩如生的作品。

沃尔特·胡德·菲奇就是这样一位想象力丰富的画师。他曾担任《植物学杂志》唯一的画师长达43年，同时还为其他博物学家和出版物绘制植物学插图。他一生不断学习、磨练平版印刷技术，并且负责印制了自己的作品，这使得作品增色不少。菲奇为约瑟夫·多尔顿·胡克出版于1849—1851年的《锡金-喜马拉雅山脉的杜鹃花》一书制作了彩色图版，其中许多图版菲奇从未见过鲜活的植物标本。他完全依靠胡克提供的素描、干瘪的标本以及自己对于植物的认知进行绘制，经常会画出综合式的图画，而不是单一的植物。[1]

右页图/胡克在喜马拉雅山脉地区旅行时，将他发现的杜鹃花绘制成素描作品，发送给伦敦的沃尔特·胡德·菲奇，并由后者将其转化为平版印刷作品，收录于1849—1851年出版的《锡金-喜马拉雅山脉的杜鹃花》一书中。菲奇从未看过真实的杜鹃花，只是对着素描作品进行创作，有时也借助干瘪的标本。

锡金-喜马拉雅山脉的杜鹃花
沃尔特·胡德·菲奇
手绘平版印刷
1849—1851年
49.5cm × 35cm

[1] 吉姆·恩德斯比，《神圣的自然：约瑟夫·多尔顿·胡克及其维多利亚式科学实践》，2008年，第125页。

J.D.H. del. Fitch, lith. Vincent Brooks Imp.

RHODODENDRON FULGENS, Hook. fil.

约翰·古尔德 （John Gould）

当沃尔特·胡德·菲奇面对植物标本创作精彩的作品时，约翰·古尔德则是对着鸟类标本绘画。古尔德开始时是一名园艺师，但他真正的兴趣点却是在鸟类方面。青年时期,他就学习了动物标本剥制术这门手艺。在很快掌握并精通这门技艺后，年仅 20 岁的他就在伦敦开始了自己动物标本剥制的生意。古尔德同时也是一位技艺娴熟的画家，并且学习了关于鸟类方方面面的知识，他很快成为一位颇受尊重的权威鸟类学家。

终其一生，古尔德创作了 40 余卷著作，其中包括世界各地的鸟类、哺乳动物的画作 3000 余幅。他经常自己创作鸟类素描，然后由与自己配合默契的创作团队中的一位或几位画家将画作绘制为最终的水彩画成品。这个创作团队中包括爱德华·利尔、威廉·哈特以及约瑟夫·沃尔夫等画家。随后作品从水彩画进入平版印刷工序，负责这一工艺的是古尔德的妻子伊丽莎白，她将画作转刻到印刷石台上，便可制作出一系列印刷品，她到 39 岁辞世前一直负责此项工作。接下来，印刷品被送往古尔德雇用的着色师的家族作坊里进行下一步的加工。

古尔德经常面对鸟类剥制标本或是毛皮作画，与他合作的画家们也能接触到这些标本。当创作《欧洲鸟类》一书时，古尔德前往欧洲多个国家观察动物园里以及私人收藏者手中的鸟类。他还在澳大利亚待了两年，为他的著作《澳大利亚鸟类》积攒丰富的素材。尽管如此，古尔德和他团队出版的绝大多数作品，都是在没有亲眼看见真实的鸟类的情况下绘制的。

古尔德在艺术技法方面做出了许多新的尝试与突破，其中最出色的一项尝试是与着色师共同合作，在他的《蜂鸟科专著》一书中有所体现。为了捕捉到鸟儿羽毛的七彩颜色，古尔德先在页面上铺一层细金箔，然后再涂上透明的油彩和清漆涂料，最后达到非常惊艳的效果，以至于从未被后人超越。

右页图 / 约翰·古尔德的出版输出量十分惊人，他创作了关于世界各地优美动人的鸟类的图谱。他对于鸟类学的科学贡献无人可及，而他书中的画作则是由 19 世纪一些最具天赋的画家们创作的。其中扛鼎之作是蜂鸟系列作品，一共包括 418 幅手绘的整版插图。

绿喉加利蜂鸟
Eulampis holosericeus
背景植物：红蝉花
Mandevilla sp.
约翰·古尔德
《蜂鸟科专著》
手绘平版印刷
1861 年
54.6cm × 37.5cm

莱昂内尔·沃尔特·罗斯柴尔德（Lionel Walter Rothschild）

约翰·古尔德及其鸟类画家团队影响和鼓舞了几代欧洲画家。他们中的大多数人生活在英国，不仅是受古尔德的影响以及动物学会[1]在当时的重要地位，还因为伦敦已成为鸟类学出版物中心。与他们同时代的还有一小批较为富有的博物学家们，在今天看来这批人是博物画最后一批重要的赞助人，包括特威德尔侯爵九世阿瑟·海、男爵二世莱昂内尔·沃尔特·罗斯柴尔德。

罗斯柴尔德在儿时就对博物学感兴趣，等到青年时期这种兴趣演变成强烈的激情。21 岁生日时，他收到了一份生日礼物：他的家人在庄园里特地为他建造了一座小型博物馆，使他能够存放从世界各地收集来的物品。他赞助了多次采集探险活动，其中包括前往他自 1897 年起租赁了 8 年的加拉帕戈斯群岛。他还建造了恢宏的图书馆，并且雇用画家为包括自己的《动物学通讯》在内的出版物绘制插图。接受罗斯柴尔德赞助的画家，有生于荷兰的约翰·杰勒德·柯尔曼斯、约瑟夫·斯米特、丹麦人亨里克·格伦沃尔德，以及曾与约翰·古尔德合作过的普鲁士人约瑟夫·沃尔夫。这群画家为罗斯柴尔德赞助的多种多样的项目工作，同时也与其他画家合作，比如另外一位受约翰·古尔德影响的鸟类画家苏格兰人阿奇博尔德·索伯恩。斯米特和格伦沃尔德也以非官方身份在大英博物馆中工作数年，这群画家人人都算得上是一流的动物学插画师。尽管如此，他们每一个人都无法避免受到自己所处时代的影响：他们的作品更像是动物的肖像画，而非严格意义上符合科学要求的动物科学画。

马铁菊头蝠
Rhinolophus ferrumequinum
阿奇博尔德·索伯恩
水彩画
1919 年
41.4cm × 52.7cm

[1] 伦敦动物学会是 1826 年建立于伦敦的学术团体，建立并管理世界上最古老的动物园伦敦动物园。

长须鲸
Balaenoptera physalus
蓝鲸
Balaenoptera musculus
阿奇博尔德・索伯恩
水彩画
1920 年
40.9cm × 56.1cm

本页图 / 阿奇博尔德・索伯恩为其作品《英国哺乳动物》精心绘制了几幅鲸鱼的水彩画，其中就包括这幅长须鲸与蓝鲸的画作。

本页图 / 这幅五彩缤纷的山魈图是约翰·杰勒德·柯尔曼斯在数次伦敦动物园之旅中绘制的，他还在那里描绘过猿和体型庞大的猴子。

山魈
Mandrillus sphinx
约翰·杰勒德·柯尔曼斯
水彩、水粉画
1907 年
51.6cm × 41cm

左页图 / 约翰·杰勒德·柯尔曼斯为数本期刊、杂志提供插图，例如《鹮》《动物学会会刊》。他也为许多出版于19世纪末及20世纪初的书籍绘制画作，包括莱昂内尔·沃尔特·罗斯柴尔德出版于1907年的《灭绝的鸟类》。这种留尼汪椋鸟就是罗斯柴尔德书中提到的灭绝鸟类的代表性鸟种。

留尼汪椋鸟
Fregilupus varius
约翰·杰勒德·柯尔曼斯
水彩、水粉画
约 1900 年
38cm × 27.4cm

F.W. Frohawk
20·X·1902

本页图 / 亨里克・格伦沃尔德也是一位于 19 世纪晚期移居至英国并为莱昂内尔・沃尔特・罗斯柴尔德勋爵绘画的画家。他同时也为许多知名鸟类作家及他们的出版物绘制插图。

橄榄绿鹮
Bostrychia olivacea
亨里克・格伦沃尔德
水彩画
约 1910 年
33.7cm × 24.5cm

左页图 / 和他的同辈画家约翰・杰勒德・柯尔曼斯一样，弗雷德里克・弗洛霍克也花了一些时间绘制伦敦动物园里的动物和鸟类。这只南浣熊绘制于 1902 年，随后被收录在罗斯柴尔德出版于 1909 年的《新奇的动物学》一书中。

南浣熊
Nasua nasua vittata
弗雷德里克・弗洛霍克
水彩画
1902 年
20.5cm × 30.3cm

20 世纪至今欧洲博物学画作的发展

如今的科学家对博物画的依赖程度比他们的前辈小得多。部分原因在于科学研究的变化。科技的进步使得以视觉影像记录物种的手段日新月异，这对博物画的制作及要求也产生了很大的影响。动植物分类法不再像以往那样流行，致力于这门学科的科学家也越来越少。这一领域的许多系统性研究已经到达分子水平，且研究重点也放到了生物多样性、改变我们周遭世界的进程以及有机体与矿物质之间的关联等问题上。

如今摄影技术在博物学研究中扮演着重要的角色，而且比较适合作为实际工作中鉴定物种的依据；高质量的电影和电视节目似乎也取代了以往期刊、杂志在激发大众对于博物学兴趣方面的地位。然而，欣赏博物画作品的读者比以往任何时期都要多，同时仍有不少画家选择专攻博物画进行创作。还有一些画家不辞辛劳地研究着鸟类和其他动植物，为他们观察到的生物创作出细节丰富的画作。伊丽莎白·巴特沃思、奥尔佳·玛卡卢申科就是这类画家的代表。

还有一些人，仍然时刻准备着前往地球的各个角落，只为追寻那些让人难以发现的昆虫或鸟类，或者去开启一段新的发现之旅。当代的这样一个典型人物就是布莱恩·普尔，他曾前往加勒比地区，发现了紫喉蜂鸟及其食物海里康属植物。古往今来，有无数的博物学画家漂洋过海，前往地球各个角落捕捉珍稀而有趣的物种，普尔是这种传统的接班人，这种传统从 17 世纪晚期开始出现，一直延续至今。

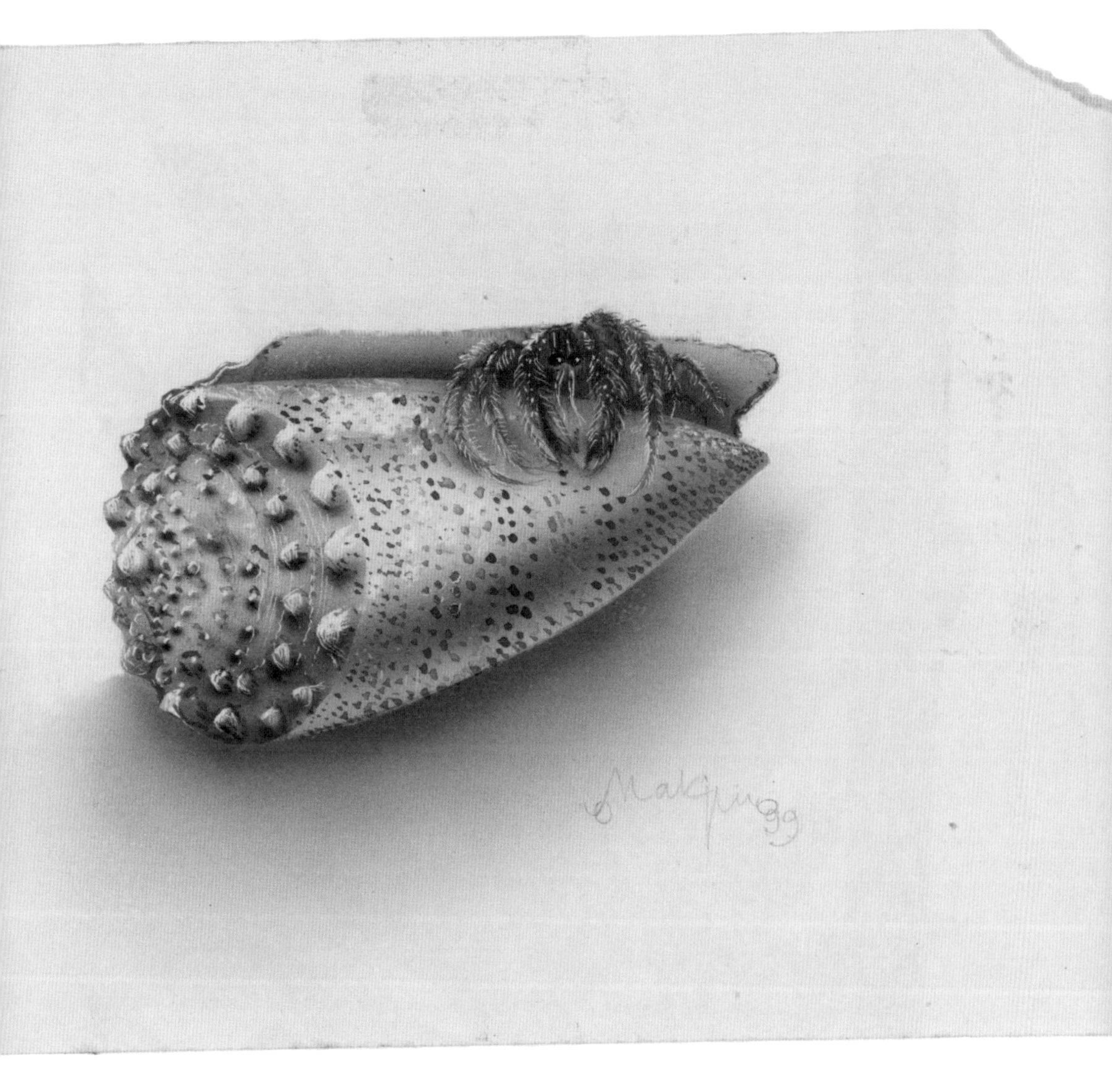

本页图 / 俄罗斯画家奥尔佳·玛卡卢申科常用喷枪覆盖技法来完成她的作品。在使用这种技法的过程中需要耐心、对细节敏感的眼光和对最终呈现效果的出色理解力。这种技法为她描绘的自然中的对象营造出半透明的柔和感。

贝壳与蟹
奥尔佳·玛卡卢申科
混合绘画法
2000 年
0cm × 10cm

Heliconia caribaea. ♂ Eulampis jugularis

左页图、本页图 / 这两幅雕版画都是反映自然界中动植物之间关系的绝佳范例。紫喉蜂鸟的雌鸟和雄鸟有不同的体貌特征。雄鸟个头大一些，拥有短而直的喙；雌鸟则体形较小，拥有长且弯曲的喙。这导致了同一种属的鸟类要对不同形状花朵的两株不同种的蝎尾蕉属植物分别授粉。

本页图：紫喉蜂鸟
Eulampis jugularis
比海蝎尾蕉
Heliconia bihai
布赖恩·普尔
凹铜版蚀刻版画
2008 年
55.5cm × 42cm

左页图：紫喉蜂鸟
Eulampis jugularis
加勒比蝎尾蕉
Heliconia caribaea
布赖恩·普尔
凹铜版蚀刻版画
2008 年
55.5cm × 42cm

延伸阅读

FURTHER READING

H. V. 鲍恩、玛格丽特·林肯、奈杰尔·里格比编著，《东印度公司的世界》（*The Worlds of the East India Company*），博伊德尔出版社，伍德布里奇，萨福克，2002

雷·德斯蒙德，《关于印度植物群的欧洲式探索》（*The European Discovery of the Indian Flora*），牛津大学出版社，牛津，1992

苏珊娜·德·弗里斯-埃文斯，《康拉德·马滕斯：乘“小猎犬号”去澳大利亚》（*Conrad Martens: On the Beagle and in Australia*），露兜树出版社，布里斯班，1993

范发迪，《清代在华的英国博物学家：科学、帝国与文化遭遇》（*British Naturalists in Qing China: Science, Empire and Cultural Encounter*），哈佛大学出版社，剑桥，马萨诸塞州，2004

帕梅拉·吉尔伯特，《约翰·阿博特：鸟类、蝴蝶及其他奇妙之物》（*John Abbot: Birds, Butterflies and Other Wonders*），梅里尔·霍尔伯顿出版社，伦敦，1998

威廉·康沃利斯·哈里斯，《非洲南部的狩猎活动》（*The Wild Sports of Southern Africa*），约翰·穆雷出版社，伦敦，1839

亚历山大·冯·洪堡，《新大洲赤道地区旅行的个人自述》（*Personal Narrative of Travels to the Equinoctial Regions of the New*）（海伦·威廉斯译），朗文出版社，伦敦，1818—1821

S. 凯恩斯编著，《邂逅埃塞俄比亚：1841—1843年前往绍阿王国的威廉·康沃利斯·哈里斯及其英国使团》（*Ethiopian Encounters : Sir William Cornwallis Harris and the British Mission to the Kingdom of Shewa (1841–43), Catalogue of Exhibition at The Fitzwilliam Museum*），菲茨威廉博物馆馆藏目录，菲茨威廉博物馆，剑桥，2007

A. C. 肯普，《克劳德·吉布尼·芬奇-戴维斯：1875—1920年非洲南部鸟类观察者、研究者及杰出画家》（*Claude Gibney Finch-Davies 1875–1920 Observer, Student and highly skilled illustrator of Southern African birds*），比勒陀利亚，1976

M. 兰伯恩，《约翰·古尔德——鸟语者》（*John Gould – Bird Man*），奥斯伯顿制作有限公司，米尔顿·凯恩斯，1987

戴维·马伯里，《阿瑟·哈里·丘奇：花卉解剖学》（*Arthur Harry Church: the anatomy of flowers*），梅里尔·霍尔伯顿出版社，伦敦，2000

戴维·马伯里，《费迪南德·鲍尔：探索的本质》（*Bauer: the nature of discovery*），梅里尔·霍尔伯顿出版社，伦敦，1999

朱迪丝·马吉，《威廉·巴特拉姆的艺术与科学》（*The Art & Science of William Bartram*），宾夕法尼亚州立大学出版社，宾州州立大学伯克分校，宾夕法尼亚州，2007

M. 史蒂文森编著，《托马斯·贝恩斯：南非科学探索之旅中的画家》（*Thomas Baines: An Artist in the Service of Science in South Africa*），随佳士得拍卖行（伦敦国王街展馆）于1999年9月1—17日展出，佳士得国际，媒体部，伦敦，1999

戴维·M. 沃特豪斯编著，《喜马拉雅山脉研究起源：布赖恩·霍顿·霍奇森1820—1858年于尼泊尔及大吉岭地区》（*The Origins of Himalayan Studies: Brian Houghton Hodgson in Nepal and Darjeeling 1820–1858*），劳特利奇-柯曾出版社，伦敦，2004

名人简介

BIOGRAPHICAL NOTES

阿奇博尔德·索伯恩
（Archibald Thorburn，1860—1935）
出生于苏格兰爱丁堡，专攻鸟类画作的博物学画家。

阿瑟·哈里·丘奇
（Arthur Harry Church，1865—1937）
出生于英格兰普利茅斯，皇家学会院士、科学家、植物学画家。

艾尔弗雷德·拉塞尔·华莱士
（Alfred Russel Wallace，1823—1913）
出生于威尔士蒙茅斯郡阿斯克，皇家学会院士、博物学家、收藏家，曾前往南美及马来群岛。

艾梅·邦普朗
（Aimé Bonpland，1773—1858）
出生于法国拉罗谢尔，植物学家、探险家，与亚历山大·冯·洪堡前往南美洲。

爱德华·利尔
（Edward Lear，1812—1888）
出生于英国伦敦，画家、博物学家、作家。

爱德华·泰森
（Edward Tyson，1650—1708）
出生于英格兰萨默塞特，科学家，被誉为"英国比较解剖学之父"。

安娜·阿特金斯
（Anna Atkins，1799—1871）
出生于英格兰肯特汤布里奇，植物学家、早期摄影师。

奥尔佳·玛卡卢申科
（Olga Makrushenko）
出生于俄罗斯莫斯科，博物学画家。

奥利维娅·汤奇
（Olivia Tonge，1858—1949）
出生于威尔士格拉摩根郡，曾前往印度旅行的画家。

奥托·布朗菲尔斯
（Otto Brunfels，1488—1534）
出生于德国美因茨，植物学家，被认为是"德国植物学之父"。

布赖恩·霍顿·霍奇森
（Brian Houghton Hodgson，1801—1894）
出生于英格兰柴郡，皇家学会院士、博物学家，收藏家及人种学研究者，在印度北部及尼泊尔地区的东印度公司担任公职。

布赖恩·普尔
（Bryan Poole）
出生于新西兰，植物学画家、版画制作师，居于伦敦。

查尔斯·达尔文
（Charles Darwin，1809—1882）
出生于英格兰什鲁斯伯里，皇家学会院士、科学家，1831—1836年随"小猎犬号"航行。

查尔斯·亚历山大·勒叙厄尔
（Charles Alexander Lesueur，1778—1846）
出生于法国勒阿弗尔，博物学家、画家，1800—1803年随尼古拉斯·鲍定前往澳大利亚的探险队航行。

丹尼尔·索兰德
（Daniel Solander，1733—1782）
出生于瑞典诺尔兰，皇家学会院士、博物学家，林奈的学生，在"奋进号"航程中担任约瑟夫·班克斯的助手。

多萝西·塔尔博特
（Dorothy Talbot，1871—1916）
出生于英格兰，画家、植物学收藏家，曾前往尼日利亚旅行。

厄恩斯特·黑克尔
（Ernst Haeckel，1834—1919）
出生于普鲁士波茨坦，科学家、画家，专门从事海洋生物研究。

费迪南德·鲍尔
（Ferdinand Bauer，1760—1826）
出生于奥地利费尔茨贝格，曾在多次探险活动（包括1801—1803年去往澳大利亚）中担任画家。

弗朗西斯·马森
（Francis Masson，1741—1805）
出生于苏格兰阿伯丁，植物收藏家、画家。

弗朗西斯科·埃尔南德斯
（Francisco Hernandez，1517—1587）
出生于西班牙托莱多，医生、博物学家，首次率队前往新大陆进行科学探索。

弗朗兹·鲍尔
（Franz Bauer，1758—1840）
出生于奥地利费尔茨贝格，任邱园植物学画家长达50年。

弗雷德里克·波利多尔·诺德尔
（Frederick Polydore Nodder，主要活动年代1767—1800）
可能出生在德国，博物学画家。

格奥尔格·狄奥尼修斯·埃雷特
（Georg Dionysius Ehret，1708—1770）
出生于德国海德堡，皇家学会院士，定居于英国伦敦的植物学画家。

格奥尔格·福斯特
（Georg Forster，1754—1794）
出生于普鲁士纳森胡本，参与詹姆斯·库克第二次航行，在“决心号”任画师及助理博物学家。

亨里克·格伦沃尔德
（Henrik Gronvold，1858—1940）
出生于丹麦普赖斯特，博物学家、鸟类画家。

加西亚·德奥尔塔
（Garcia De Orta，1501—1568）
出生于葡萄牙维迪堡，医生、植物学家，定居于印度果阿。

杰克逊港画家
（Port Jackson Painter，主要活动年代18世纪90年代）
“第一舰队”上的画家群体。

杰勒德·范斯潘东克
（Gerard van Spaendonck，1746—1822）
出生于荷兰蒂尔堡，植物学画家。

康拉德·格斯纳
（Konrad Gesner，1516—1565）
出生于瑞士苏黎世，博物学家。

康拉德·马滕斯
（Conrad Martens，1801—1878）
出生于英国伦敦，定居澳大利亚，随“小猎犬号”航行的画家。

克劳德·奥布列
（Claude Aubriet，1665—1742）
出生于法国马恩河畔沙隆，画家、植物学家。

克劳德·吉布尼·芬奇-戴维斯
（Claude Gibney Finch-Davies，1875—1920）
出生于印度德里，鸟类学家、画家，曾参加英国陆军于南非服役。

莱昂内尔·沃尔特·罗斯柴尔德
（Lionel Walter Rothschild，1868—1937）
出生于英国伦敦，皇家学会院士、动物学家，为收藏家和画家担任赞助人。

伦哈德·富克斯
（Leonhard Fuchs，1501—1566）
出生于德国韦姆丁，医生、植物学家。

罗伯特·哈弗尔
（Robert Havell，1793—1878）
出生于英格兰雷丁，画家、印刷工，与父亲一起制作了奥杜邦的《美洲鸟类》。

罗伯特·赫尔曼·尚伯克
（Robert Hermann Schomburgk，1804—1865）
出生于普鲁士的萨克森弗赖堡，皇家学会院士、探险家、博物学家，曾前往英属圭亚那旅行。

罗伯特·胡克
（Robert Hooke，1635—1703）
出生于英格兰怀特岛郡，皇家学会院士、科学家，显微镜学研究先驱专家。

玛格丽特·方丹
（Margaret Fountaine，1862—1940）
出生于英格兰诺福克，昆虫学家、画家，周游世界采集蝴蝶标本。

玛格丽特·米
（Margaret Mee，1909—1988）
出生于英格兰切舍姆，活动于亚马孙及巴西热带雨林的植物学画家。

马克·凯茨比
（Mark Catesby，1683—1749）
出生于英格兰埃塞克斯，皇家学会院士，在美国殖民地担任画家、博物学探险家和收藏家。

玛丽亚·范惠瑟姆
（Maria van Huysum，主要活动年代18世纪50年代）
出生于荷兰阿姆斯特丹，画家。

玛丽亚·西比拉·梅里安
（Maria Sibylla Merian，1647—1717）
出生于德国法兰克福，画家、昆虫学家，曾前往苏里南旅行。

马修·弗林德斯
（Matthew Flinders，1774—1814）
出生于林肯郡波士顿唐宁顿，1801—1803年，参与前往澳大利亚的英国探险队，任“调查者号”船长。

纳撒尼尔·沃利克
（Nathaniel Wallich，1786—1854）
出生于丹麦哥本哈根，皇家学会院士，在印度任医生和植物学家。

尼古拉斯·鲍定
（Nicolas Baudin，1754—1803）
出生于法国雷岛，海军军官、探险家，曾于1800—1803年率领法国探险队前往澳大利亚。

帕特里克·拉塞尔
（Patrick Russell，1727—1805）
出生于苏格兰爱丁堡，皇家学会院士，医生、博物学家，在东印度公司（驻印度）工作。

皮埃尔·约瑟夫·雷杜德
（Pierre Joseph Redouté，1759—1840）
出生于比利时圣于贝尔，巴黎皇家植物园植物学画家。

乔斯·塞莱斯蒂诺·穆蒂斯
（Jose Celestino Mutis，1732—1808）
出生于西班牙加的斯，率领植物学探险队在南美考察25年。

乔治·雷珀
（George Raper，1769—1797）
出生于英国伦敦，1778—1792年在“第一舰队”上任海军军官和画家。

萨拉·斯通
（Sarah Stone，约1760—1844）
出生地不详，成年后居于英国伦敦。博物学画家。

托马斯·贝恩斯
（Thomas Baines，1820—1875）
出生于英格兰诺福克金斯林，定居南非，画家、探险家。

托马斯·哈德威克
（Thomas Hardwicke，1756—1835）
出生于英格兰（可能是）剑桥郡，皇家学会院士，从亚洲收集博物学标本及画作的收藏家。

托马斯·沃特林
（Thomas Watling，1762—？）
出生于苏格兰邓弗里斯，画家，1791年以犯人身份被转移至澳大利亚杰克逊港的流放地。

威廉·巴特拉姆
（William Bartram，1739—1823）
出生于美国费城肯格塞新，博物学家、画家，1773—1777年曾在北美东南地区旅行。

威廉·汉密尔顿
（William Hamilton，1730—1803）
出生于英国伦敦，艺术收藏家、外交官，在那不勒斯研究火山学。

威廉·康沃利斯·哈里斯
（William Cornwallis Harris，1807—1848）
出生于英格兰，于肯特郡受洗礼，东印度公司陆军军官，至南非旅行并率领探险队于1841—1843年前往埃塞俄比亚绍阿王国。

威廉·考珀
（William Cowper，1666—1709）
出生于英格兰汉普郡彼得斯菲尔德，皇家学会院士、外科医生及人体解剖学家。

威廉·罗克斯伯勒
（William Roxburgh，1751—1815）
出生于苏格兰艾尔郡，加尔各答植物园园长，委托、组织开展了有关亚洲植物学的绘画创作。

威廉·麦吉利夫雷
（William MacGillivray，1796—1852）
出生于苏格兰旧阿伯丁，鸟类学家、博物学家、画家。

威廉·史密斯
（William Smith，1769—1839）
出生于英格兰牛津郡，地质学家、地质学制图员。

威廉·扬
（William Young，1742—1785）
出生于德国卡塞尔，美国殖民地的植物收藏家，1763年受封“王后的植物学家”。

沃尔特·胡德·菲奇
（Walter Hood Fitch，1817—1892）
出生于苏格兰格拉斯哥，植物学画家、平版印刷师，受雇于邱园。

悉尼·帕金森
（Sydney Parkinson，1745—1771）
出生于苏格兰爱丁堡，在“奋进号”航程中任博物学画家。

亚历山大·冯·洪堡
（Alexander von Humboldt，1769—1859）
出生于普鲁士波茨坦，科学家、博物学家，1799—1804年游历南美洲。

亚历山大·威尔逊
（Alexander Wilson，1766—1813）
出生于苏格兰佩斯利，美国定居，鸟类学家、鸟类画家。

伊丽莎白·巴特沃思
（Elizabeth Butterworth，1949— ）
出生于英格兰罗奇代尔出生，鸟类画家。

尤利西斯·阿德罗万迪
（Ulisse Aldrovandi，1522—1605）
出生于意大利博洛尼亚，收藏家、博物学家，为博洛尼亚大学建造了植物园。

约翰·阿博特
（John Abbot，1751—1840）
出生于英国伦敦，定居于佐治亚州，收藏家、画家。

约翰·福布斯·罗伊尔
（John Forbes Royle，1798—1858）
出生于印度坎普尔，皇家学会院士，在东印度公司的萨哈伦坡植物园任外科医生、博物学家。

约翰·弗莱明
（John Fleming，1747—1829）
出生于苏格兰，皇家学会院士，18世纪晚期至19世纪早期，在东印度公司（驻印度）任医生。

约翰·福斯特
（Johann Forster，1729—1798）
出生于普鲁士迪绍，参与詹姆斯·库克第二次航行，在“决心号”任博物学家，格奥尔格·福斯特之父。

约翰·古尔德
（John Gould，1804—1881）
出生于英格兰莱姆里吉斯，皇家学会院士、鸟类学家、画家。

约翰·古斯塔夫·霍克
（Johann Gustav Hoch，1716—1779）
出生于德国罗伊特林根，肖像画、风景画及博物学画家。

约翰·怀特
（John White，约1540—约1593）
出生于英格兰，画家，1585年与理查德·格伦维尔共同前往罗阿诺克。

约翰·杰勒德·柯尔曼斯
（John Gerrard Keulemans，1842—1912）
出生于荷兰鹿特丹，定居伦敦，鸟类画家。

约翰·克里斯托夫·迪茨奇
（Johann Christoph Dietzsch，1710—1769）
出生于德国纽伦堡，花卉与风景画画家。

约翰·里夫斯
（John Reeves，1774—1856）
出生于英格兰埃塞克斯郡，皇家学会院士，在东印度公司（驻中国）任茶叶检验员，并在当地收集博物学标本及画作。

约翰·马丁·伯纳茨
（Johann Martin Bernatz，1802—1878）
出生于德国施派尔，在1841—1843年前往埃塞俄比亚绍阿的探险队任官方画师。

约翰·韦伯
（John Webber，1751—1793）
出生于英国伦敦，1776—1780年在库克船长第三次也是最后一次航程中任官方画师。

约翰·詹姆斯·奥杜邦
（John James Audubon，1785—1851）
出生于圣多明各（今海地），定居美国，画家、鸟类学家。

约瑟夫·班克斯
（Joseph Banks，1743—1820）
出生于英国伦敦，皇家学会院士、博物学家、任英国皇家学会会长41年之久，陪伴詹姆斯·库克参与1768—1771年“奋进号”旅程。

约瑟夫·多尔顿·胡克
（Joseph Dalton Hooker，1817—1911）
出生于英格兰萨福克，皇家学会院士、植物学家，邱园园长，1847—1849年前往印度北部旅行。

约瑟夫·沃尔夫
（Joseph Wolf，1820—1899）
出生于德国明斯特迈费尔德，野生动物插画师、画家。

詹姆斯·库克
（James Cook，1728—1779）
出生于英格兰约克郡马顿，皇家学会院士、皇家海军、海军军官，曾3次环游世界。

詹姆斯·帕森斯
（James Parsons，1705—1770）
出生于英格兰巴恩斯特珀尔，皇家学会院士、医生、画家。

索引

INDEX

Z

鸣谢

ACKNOWLEDGEMENTS

首先，要衷心感谢自然博物馆的出版团队，与他们合作的过程非常愉快，是他们使整个创作流程变得流畅并为我减轻烦忧。其次，要特别感谢设计师戴维·麦金托什，他杰出的工作成果诸位读者都已经有目共睹了，与他共事同样是愉快的。我还要感谢自然博物馆的工作人员：图书馆的莉萨·迪·托马索、萨姆·加里、纳塔莉·波普、阿曼多·门德斯和安德烈亚·哈特不辞辛劳确定画作的来源；摄影部的帕特·哈特为本书拍摄照片；动物学和植物学部门的科技人员帮助鉴定物种的种属。此外，我还想感谢迈克·施莱辛格、克里斯·米尔斯和西莉亚·科因，他们都曾为书稿纠错或提出建议。

图片版权